建筑材料与检测

主　编　黄　越　张　寰

副主编　王　铁　史　楠　陶博识

　　　　胡威凛　姚　海

参　编　程明广　王旭阳　王英丽

　　　　历宁宁　陈柏潼　王　珣

北京理工大学出版社

BEIJING INSTITUTE OF TECHNOLOGY PRESS

内 容 提 要

本书采用现行国家标准和规范，按照高等职业技术教育的要求和土木工程、建筑工程类专业的培养目标及建筑材料与检测教学大纲编写而成。全书共八个模块，主要包括：建筑材料的基本性质、胶凝材料进场检验、建筑砂浆进场检验、混凝土进场检验、建筑钢材进场检验、建筑功能材料进场检验、建筑装饰材料进场检验、建筑材料检测试验等内容。与本书配套的在线开放课程已在"智慧树"平台上线，学习者可登录https://coursehome.zhihuishu.com/courseHome/1000086003#teachTeam进行在线学习。

本书可作为高等院校土建类相关专业建筑材料课程教材，也可作为从事建筑工程行业的工程技术人员的参考用书。

图书在版编目（CIP）数据

建筑材料与检测／黄越，张寰主编. -- 北京：北京理工大学出版社，2024.11.
ISBN 978-7-5763-4603-9

Ⅰ. TU502

中国国家版本馆CIP数据核字第2024W57F19号

责任编辑：江　立	**文案编辑：**江　立
责任校对：周瑞红	**责任印制：**王美丽

出版发行 / 北京理工大学出版社有限责任公司

社　　址 / 北京市丰台区四合庄路 6 号

邮　　编 / 100070

电　　话 /（010）68914026（教材售后服务热线）
　　　　　（010）63726648（课件资源服务热线）

网　　址 / http：//www. bitpress. com. cn

版 印 次 / 2024 年 11 月第 1 版第 1 次印刷

印　　刷 / 河北世纪兴旺印刷有限公司

开　　本 / 787 mm×1092 mm　1/16

印　　张 / 13.5

字　　数 / 259 千字

定　　价 / 78.00 元

前　言

　　"建筑材料与检测"是高等院校土木建筑大类一门重要的专业基础课，具有较强的通识性和实践性，主要介绍建筑工程中常用建筑材料的基本性质、检测试验方法、检测结果评定及工程应用，旨在培养学生合理选择、计划、采购、检测和使用建筑材料的能力。

　　本书在编写过程中力求突出以下特色：

　　1.坚持立德树人根本任务，发挥教材育人功能

　　本书编写人员牢固树立"全员育人"观念，与素养课教师携手开展全员育人。将素养教育主线融入任务实践与知识学习全过程，注重职业素养与劳动精神的培养，形成教材知识、技能、素养融为一体的内容体系，实现教材的全过程育人。

　　2.坚持学生主体中心地位，培养学生创新能力

　　在教材开发过程中，充分考虑学生的认知能力，以常用建筑材料进场检验为主线，以材料检验试验典型工作任务为载体，以能力培养为本位，通过建筑材料检测试验带动理论知识点学习，将基础理论知识与技术实践知识有机融合，真正做到做中学、学中做，充分调动学生学习的主观能动性。

　　3.坚持校企双元合作开发，凸显教材职业能力

　　紧密结合现行国家、行业规范，并将土木工程混凝土材料检测职业技能等级标准等多本"1+X"职业技能等级标准融入教材，保证教材的系统性与先进性。本书编写组邀请吉林市松城建设工程质量检测中心、吉林市建设工程质量监督站和吉林市鸿基科技有限公司的多名专家和一线技术人员参与教材编写，融入行业与企业新动态，使各模块单元更贴近实际工作情境，保证教材的职业性和灵活性。

　　4.结合现代教育信息技术，突出教材灵活功能

　　在教材编写过程中配套开发信息化资源，教材编写人员同步完成在线资源课程、4D微课、高清试验实操视频、虚拟仿真试验操作软件等多种信息化资源建设，打造"互联网+教材"。本书与目前高职院校广泛采用的混合式教学相匹配，最大限度地扩展学生的学习时间与空间，保证学生学习的即时性与便利性。

本书由吉林电子信息职业技术学院的黄越、张寰担任主编；吉林电子信息职业技术学院王铁、史楠、陶博识、胡威凛，吉林市松城建设工程质量检测中心姚海担任副主编；吉林电子信息职业技术学院程明广、王旭阳、王英丽、历宁宁、陈柏潼、王珣参与编写。具体编写分工如下：黄越编写模块一、模块二，张寰编写模块三、模块五，王铁编写模块四，陶博识、胡威凛编写模块六，史楠编写模块七，姚海编写模块八。

由于编者水平有限，加之时间仓促，书中存在不足之处在所难免，欢迎广大读者批评指正！

编　者

目 录

模块一
建筑材料的基本性质

知识目标

1. 掌握建筑材料的分类及相应标准。
2. 掌握建筑材料的基本物理性质、与力学有关的性质及耐久性。
3. 了解建筑材料在建筑工程中的重要作用。
4. 了解技术标准的重要性。

能力目标

1. 能够区分结构材料、功能材料、装饰材料在建筑工程中的使用部位。
2. 能够根据建筑材料的基本性质，初步判断材料的性能。

素养目标

1. 具备较强工程伦理意识、法制观念与职业道德规范。
2. 培养执着专注、精益求精、一丝不苟、追求卓越的工匠精神。
3. 具备较高的职业素养与良好的职业认同感。
4. 培养勇于探索的创新精神和创新的科学精神。
5. 养成保证材料质量的良好意识。

单元一　建筑材料的基础知识

一、建筑材料的定义、组成与分类

1. 建筑材料的定义

建筑材料是指用于建筑和土木工程领域的各种材料的统称，简称"建材"。其是构成建筑物的最基本元素，是一切建筑工程的物质基础。

建筑材料的定义有广义和狭义两种。广义的建筑材料是指建造建（构）筑物的所有材料，包括使用的各种原材料、半成品和构配

微课：建筑材料的
定义、组成与分类

件、零部件等，如黏土、石灰石、铁矿石等，如图 1-1 所示；狭义的建筑材料是指直接构成建（构）筑物实体的材料，如混凝土、水泥、石灰、钢筋等，如图 1-2 所示。

| （a） | （b） | （a） | （b） |

图 1-1　广义的建筑材料　　　　　　　　　图 1-2　狭义的建筑材料
（a）石灰石；（b）铁矿石　　　　　　　　（a）混凝土；（b）钢筋

2. 建筑材料的组成

建筑材料的组成包括化学组成和矿物组成。

（1）材料的化学组成。材料的化学组成是指构成材料的基本化合物或化学元素的种类与数量。材料的化学组成决定材料的化学性质，影响其物理性质和力学性质。如碳素钢，随着含碳量的增加，其强度、硬度、冲击韧性将发生变化，如图 1-3 所示。另外，钢材的锈蚀、材料的可燃性和耐火性、木材的腐蚀、混凝土的碳化及受到酸碱盐类物质的侵蚀等都是由材料的化学组成决定的。

（2）材料的矿物组成。材料的矿物组成主要是指构成材料的矿物种类和数量，决定材料的许多重要性质。材料中含有特定的晶体结构、特定物理力学性能的组织结构称为矿物。无机非金属材料是由不同矿物构成的，相同的化学组成，材料性质却不尽相同，这是由于矿物的组成不同所导致的。例如，硅酸盐类水泥的主要矿物组成为硅酸钙、铝酸钙、铁铝酸钙等，硅酸三钙（C_3S）决定了水泥易水化成碱性凝结体，并具有凝结硬化的性能；若提高硅酸盐水泥中硅酸三钙的含量，则水泥的硬化速度和强度都将提高，如图 1-4 所示。

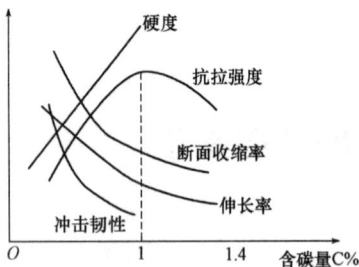

图 1-3　碳素钢性质与含碳量的关系　　　　图 1-4　抗压强度与龄期的关系

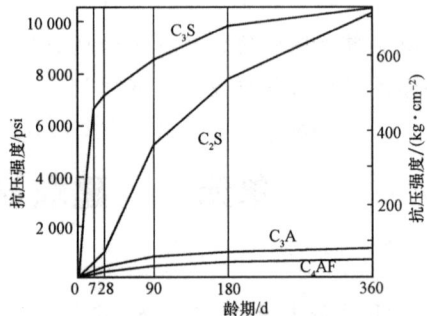

3. 建筑材料的分类

由于建筑工程中所涉及的材料品种繁多，性能各异，价格悬殊，且用量巨大，正确选择和合理使用建筑材料，对建筑工程的安全、适用、美观、耐久及经济都有着重要的意义。为了便于掌握规律，通常从以下的角度进行分类：

（1）按材料的化学成分分类。按材料的化学成分，建筑材料可分为无机材料、有机材料和复合材料，见表 1-1。

表 1-1　建筑材料按化学成分分类

分类			实例
无机材料	金属材料	黑色金属	钢、铁等
		有色金属	铝、铜、铝合金等
	非金属材料	天然石材	花岗石、大理石、石灰石等
		胶凝材料	石灰、石膏、水泥等
		烧结制品	烧结砖、陶瓷、玻璃等
		混凝土及硅酸盐制品	混凝土、砂浆等
		无机纤维材料	玻璃纤维、矿物棉等
有机材料	植物材料		木材、竹材及其制品等
	合成高分子材料		塑料、涂料、胶粘剂等
	沥青材料		石油沥青、煤沥青及其制品等
复合材料	无机非金属与有机材料复合		聚合物混凝土、沥青混凝土等
	无机非金属与金属材料复合		钢筋混凝土、钢纤维混凝土等

（2）按材料的来源分类。按材料的来源，建筑材料可分为天然材料和人造材料。天然材料是指自然界原来就有未经加工或基本不加工就可直接使用的材料，如砂、石、木材等；人造材料是人为地将不同物质经化学方法或聚合作用加工而成的材料，其特质与原料不同，如塑料、合成材料等。

（3）按材料的主要功能分类。按材料的主要功能，建筑材料可分为结构材料和功能材料。结构材料是主要用作承重的材料，如石材、混凝土、钢材、钢筋混凝土；功能材料是具有某种特殊功能的非承重材料，包括防水材料、吸声材料、装饰材料、保温材料、防火材料等。

4. 建筑材料的结构

建筑材料的结构是指材料系统内各组成单元之间的相互联系和相互作用方式。不同材料有各种不同的结构要素，从而有着不同的材料性能（特性）。从尺度上划分，建筑材料可分为宏观结构、细观结构、微观结构等不同层次。

二、建筑材料的发展历程与作用

1. 建筑材料的发展历程

建筑材料是随着人类的进化而发展的，与人类文明有着十分密切的关系。在人类历史发展的各个阶段，建筑材料都是显示其文化的主要标志之一。

建筑材料的发展是一个悠久而又缓慢的过程，主要包括以下三个主要阶段：

（1）天然材料。在原始社会早期，原始人群曾利用天然崖洞作为居住处所，或构木为巢。到了原始社会晚期，在北方，我们的祖先在利用黄土层为壁体的土穴上，用木架和草泥建造简单的穴居或浅穴居，以后逐步发展到地面上。南方出现了干栏式木构建筑。原始社会人类用的是天然物料，就地取材，量材而用，如图1-5、图1-6所示。

图 1-5　凿石成洞　　　　　　　　　图 1-6　伐木为棚

（2）人工材料。人类能够用黏土烧制砖、瓦，用岩石烧制石灰、石膏之后，建筑材料由天然材料进入人工生产阶段，为较大规模地建造房屋创造了基本条件。如埃及的金字塔、中国的万里长城、古罗马的斗兽场，都是这一阶段留下来的建筑遗存（图 1-7）。

（a）　　　　　　　　　　　（b）　　　　　　　　　　　（c）

图 1-7　人工材料

（a）埃及金字塔；（b）中国万里长城；（c）古罗马斗兽场

天然木材在建筑中的应用已经有了很长的历史，木结构的雏形可以追溯到距今7 000～5 000 年前的河姆渡遗址，传统木结构在明清时期达到了巅峰。我国现存最古老、最高的木结构建筑为山西应县佛宫寺释迦塔 [图 1-8（a）]；现存规模最大、殿柱最巨的木结构为明长陵祾恩殿 [图 1-8（b）]；构思最巧妙、最大胆的木结构为山西大同恒山悬空寺 [图 1-8（c）] 等，这些木结构建筑充分展现了中国传统木结构建筑的精华和内涵，充分显示了几百年前中国古代劳动人民的智慧。

（a）　　　　　　　　　　　（b）　　　　　　　　　　　（c）

图 1-8　天然木材

（a）山西应县佛宫寺释迦塔；（b）明长陵祾恩殿；（c）山西大同恒山悬空寺

1860 年前后，新的冶炼方法使钢材的产量和质量极大提高。1889 年建造的法国埃菲尔铁塔（图1-9）、1931年竣工的美国纽约帝国大厦（图1-10）作为钢结构的一种代表而发展起来。

图1-9　法国埃菲尔铁塔

图1-10　美国纽约帝国大厦

1824年，波特兰水泥问世，标志着现代建筑时代的到来，从普通混凝土到钢筋混凝土，后来又发展了预应力混凝土。

（3）复合材料。先进的复合材料在过去50年中已经被用于一些建筑中。在这些建筑中，它们提供了显著的质量节省和创造复杂形状的能力，从而为建筑师提供了更多的设计自由。

越来越多新型建筑的出现刺激了建筑用复合材料的需求，建筑新材料包括建筑热工复合材料、聚合物改性水泥基复合材料等普通技术类建筑材料和高分子复合材料、功能性树脂合成材料、3D打印等功能型特种建筑材料。复合材料凭借其抗震性好、灵活度高，以及具有可设计性受到了新型建筑的青睐，可以满足新型建筑的高性能、低能耗、环境友好的特征，如图1-11所示。

（a）　　　　　　　　　　　　　　　　（b）

图1-11　复合材料

（a）碳纤维混凝土建筑；（b）3D打印建筑

2. 建筑材料的作用

（1）建筑材料是一切建筑的物质基础。无论是摩天大厦，还是临时建筑，都是由各种散体建筑材料经过缜密的设计和复杂的施工最终构建而成的。建筑材料的物质性还体现在其使用的巨量性，长城用了1 795万块砖，港珠澳大桥使用了108万立方米混凝土，仅主梁用钢量都高达42万吨。

（2）建筑材料的发展赋予了建筑物以时代的特性和风格。西方古典建筑的石材廊柱、中国古代以木架构为代表的宫廷建筑、当代以钢筋混凝土和型钢为主体材料的超高层建筑，都呈现了鲜明的时代感。

（3）建筑设计理论不断进步和施工技术的革新不但受到建筑材料发展的制约，同时，也受到其发展的推动。大跨度预应力结构、薄壳结构、悬索结构、空间网架结构、节能型特色环保建筑的出现无疑都是与新材料的产生而密切相关的。

（4）建筑材料正确、节约、合理的运用直接影响到建筑工程的造价和投资。在我国，一般建筑工程的材料费用要占到总投资的50%～60%，特殊工程这一比例还要提高，对于我国这样一个发展中国家，对建筑材料特性的深入了解和认识，最大限度地发挥其效能，进而达到最大的经济效益，无疑具有非常重要的意义。

（5）合理选择、正确使用建筑材料，决定着建筑物的使用功能及耐久性，材料的质量决定建筑物的质量。

三、建筑材料的技术标准

1. 技术标准的定义

技术标准是指对标准化领域中需要协调统一的技术事项所制订的标准。它是根据不同时期的科学技术水平和实践经验，针对具有普遍性和重复出现的技术问题，提出的最佳解决方案。

微课：建筑材料的技术标准

对于生产企业，必须按技术标准生产合格产品，它可以促进企业改善管理、提高生产率，实现生产过程合理化。对于使用部门，则应当按技术标准选用材料，可使设计和施工标准化，从而加速工程进度、降低工程造价、保证工程质量。技术标准也是供需双方进行产品质量验收的重要依据。

2. 技术标准的分类

（1）按适用范围分类。建筑材料的技术标准有多种分类方式，依据《中华人民共和国标准化法》，按适用范围分类，标准包括国家标准、行业标准、地方标准和团体标准、企业标准。其中，国家标准是指对我国经济技术发展具有重大的意义，必须在全国范围内统一的标准。对需要在全国范围内统一的技术要求，应当制定国家标准。对没有推荐性国家标准、需要在全国某个行业范围内统一的技术要求，可以制定行业标准。为满足地方自然条件、风俗习惯等特殊技术要求，可以制定地方标准。

国家鼓励学会、协会、商会、联合会、产业技术联盟等社会团体协调相关市场主体共同制定满足市场和创新需要的团体标准，由本团体成员约定采用或按照本团体的规定供社会自愿采用。企业可以根据需要自行制定企业标准或与其他企业联合制定企业标准。

国家支持在重要行业、战略性新兴产业、关键共性技术等领域利用自主创新技术制定团体标准、企业标准。

（2）按约束力分类。按约束力分类，标准可分为强制性标准和推荐性标准。

1）强制性标准。对保障人身健康和生命财产安全、国家安全、生态环境安全，以及满足经济社会管理基本需要的技术要求，应当制定强制性国家标准。强制性国家标准由国务院批准发布或授权批准发布。对满足基础通用、与强制性国家标准配套、对各有关行业起引领作用等需要的技术要求，可以制定推荐性国家标准。推荐性国家标准由国务院标准化行政主管部门制定。

2）推荐性标准。对于推荐性标准，任何单位有权决定是否采用，违反这类标准不构成经济或法律方面的责任。但是，一经接受并采用，或各方商定同意纳入商品、经济合同之中，就成为共同遵守的技术依据，具有法律上的约束性，各方必须严格遵照执行。由于推荐性标准具有采用和执行灵活性的特性，它将随着市场经济的发展越来越受到重视。

（3）按标准化的对象分类。按标准化的对象分类，标准可分为技术标准、管理标准、工作标准和服务标准四大类。这四类标准根据其性质和内容又可分为许多小类，与建筑材料相关的主要是技术标准。技术标准是对标准化领域中需要协调统一的技术事项所制定的标准。技术标准一般包括基础标准、产品标准、方法标准、工艺与工艺设备标准，以及安全、卫生、环保标准等。

与建筑材料相关的，主要有前三类标准。基础标准是指具有广泛的适用范围或包含一个特定领域的通用条款的标准，具有普遍的指导意义，如《水泥的命名原则和术语》（GB/T 4131—2014）；产品标准是指规定一个产品或一类产品应满足的要求以确保其适用性的标准，如《通用硅酸盐水泥》（GB 175—2023）；方法标准是以测量、试验、检查、分析、抽样、统计、计算、设计或操作等方法为对象所制定的标准，如《水泥细度检验方法筛析法》（GB/T 1345—2005）。

伴随着"一带一路"倡议的实施，我国承建的国际工程会越来越多，很多工程在设计和建造过程中会参考国际标准或其他国家的标准，如国际标准（代号 ISO）、美国国家标准（代号 ANSI）、美国材料与试验协会标准（代号 ASTM）、德国标准（代号 DIN）等。

3. 技术标准的编号

（1）国家标准的编号。依据《国家标准管理办法》规定，国家标准编号由国家标准的代号、标准发布顺序号和标准发布的年代号组成，如图 1-12 所示。强制性国家标准的代号为 GB，推荐性国家标准的代号为 GB/T。

《烧结普通砖》GB/T 5101—2017
标准发布年代号：2017
标准发布顺序号：5101
国家标准代号：GB/T
国家标准名称：烧结普通砖

图 1-12　国家标准编号

（2）行业标准的编号。依据《行业标准管理办法》规定，行业标准编号由行业标准代号、标准发布顺序号和标准发布的年代号组成，如图 1-13 所示。

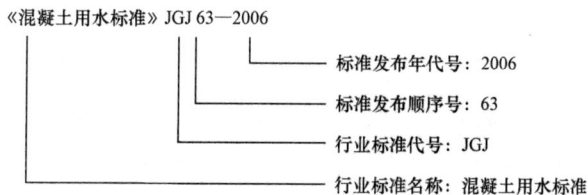

《混凝土用水标准》JGJ 63—2006
标准发布年代号：2006
标准发布顺序号：63
行业标准代号：JGJ
行业标准名称：混凝土用水标准

图 1-13　行业标准编号

与建筑材料相关的行业标准见表 1-2。

表 1-2 行业标准代号

分类	实例
建筑材料行业标准	JC
建筑工程行业标准	JGJ
城镇建设行业标准	CJ
交通行业标准	JT
水利行业标准	SL
电力行业标准	DL

(3) 地方标准的编号。依据《地方标准管理办法》规定，地方标准编号由地方标准代号、顺序号和年代号三部分组成。省级地方标准代号由汉语拼音字母“DB”加上其行政区代码前两位数字组成，如吉林省代码为 220000，吉林省地方标准代码即 DB22，如图 1-14 所示。

市级地方标准代号由汉语拼音字母“DB”加上其行政区代码前四位数字组成。如安徽省芜湖市代码为 340200，芜湖市地方标准代码为 DB3402，如图 1-15 所示。

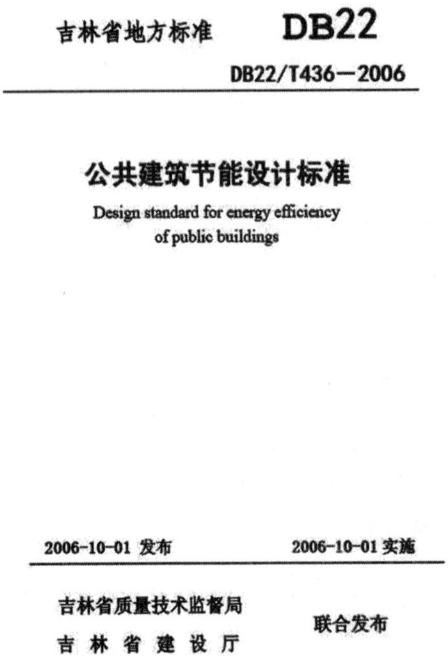
吉林省地方标准 DB22

DB22/T436—2006

公共建筑节能设计标准

Design standard for energy efficiency of public buildings

2006-10-01 发布 2006-10-01 实施

吉林省质量技术监督局
吉 林 省 建 设 厅 联合发布

图 1-14 省级地方标准编号

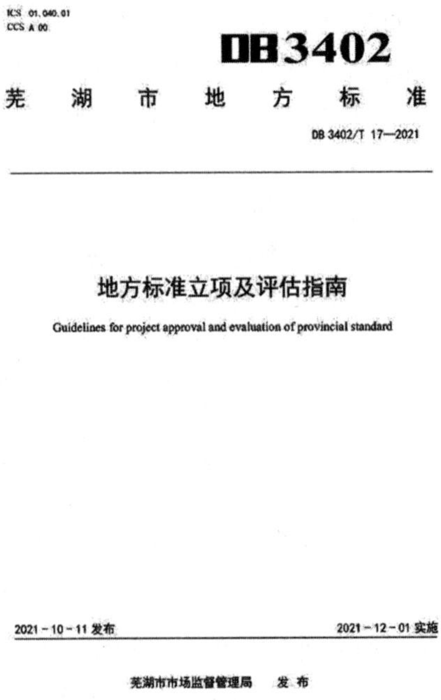
ICS 01.040.01
CCS A 00

DB3402

芜 湖 市 地 方 标 准

DB 3402/T 17—2021

地方标准立项及评估指南

Guidelines for project approval and evaluation of provincial standard

2021－10－11 发布 2021－12－01 实施

芜湖市市场监督管理局 发 布

图 1-15 市级地方标准编号

(4) 团体标准与企业标准的编号。

1) 团体标准编号。依据《团体标准管理规定》规定，团体标准编号依次由团体标准代号、社会团体代号、团体标准顺序号和年代号组成，如图 1-16 所示。社会团体代号由社会团体自主拟定，可使用大写拉丁字母或大写拉丁字母与阿拉伯数字的组合。社会团体代号应当合法，不得与现有标准代号重复。

2）企业标准编号。依据《企业标准化管理办法》规定，企业标准编号由企业标准代号、企业代号、顺序号和年号组成。企业代号可用汉语拼音字母或阿拉伯数字或两者兼用组成，如图 1-17 所示。

图 1-16　团体标准编号　　　　　　　　　图 1-17　企业标准编号

标准是经济活动和社会发展的技术支撑，是国家基础性制度的重要方面。标准化在推进国家治理体系和治理能力现代化中发挥着基础性、引领性作用。

单元二　建筑材料的物理性质

一、建筑材料与质量有关的性质

1. 材料的密度、表观密度与堆积密度

（1）密度。密度是指材料在绝对密实状态下，单位体积的质量，通常用下式表示：

微课：建筑材料与
质量有关的性质

$$\rho = \frac{m}{V} \tag{1-1}$$

式中　ρ——密度（g/cm³ 或 kg/m³）；

m——材料在干燥状态下的质量（g 或 kg）；

V——材料在绝对密实下的体积，即不包括孔隙在内的固体物质部分的体积（m³ 或 cm³）。

对于绝对密实而外形规则的材料，如钢材、玻璃、沥青等，V 可通过直接测量外形尺寸的方法计算求得。

对于有孔隙材料的绝对密实体积，如烧结砖等，通常把材料磨细干燥至恒重后，用李氏瓶测定其体积，材料磨得越细，测得的数值越接近材料的真实体积。

（2）表观密度。表观密度是指材料在自然状态下单位体积的质量，通常用下式表示：

$$\rho_0 = \frac{m}{V_0} \tag{1-2}$$

式中　ρ_0——表观密度（g/cm^3 或 kg/m^3）；

　　　m——材料在干燥状态下的质量（g 或 kg）；

　　　V_0——材料在自然状态下的体积（m^3 或 cm^3）。

与密度公式的区别在于，这里的 V_0 表示材料在自然状态下的体积，称为自然体积，如图 1-18 所示。它主要包括两个部分，一是材料的实体体积，也就是刚刚说的固体体积；二是材料的孔隙体积，材料的孔隙体积根据孔隙是否与外界连通，又可分为开口孔隙和闭口孔隙。对于烧结砖、混凝土砌块等外形规则的材料自然体积的测量，可采用直接测量外形尺寸的方法计算求得。对于外形不规则的材料，对材料表面经涂蜡处理后采用排水法求得。

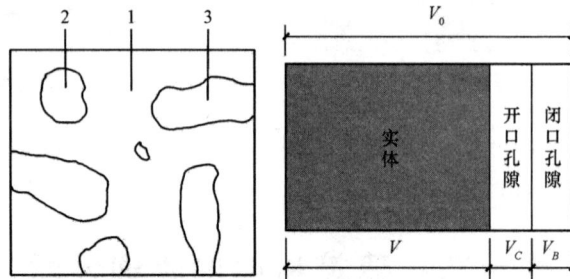

图 1-18　含孔隙材料体积组成示意

1—固体物质所占体积 V；2—闭口孔隙所占体积 V_B；3—开口孔隙所占体积 V_C

（3）堆积密度。堆积密度是指散粒状、粉状材料在堆积状态下的单位体积的质量，通常用下式表示：

$$\rho_0' = \frac{m}{V_0'} \tag{1-3}$$

式中　ρ_0'——堆积密度（g/cm^3 或 kg/m^3）；

　　　m——材料在干燥状态下的质量（g 或 kg）；

　　　V_0'——散粒材料在堆积状态下的体积（m^3 或 cm^3）。

这里的 V_0' 表示粉状或散粒状材料在堆积状态下的总体外观体积，如图 1-19 所示，既包含颗粒内部的孔隙，也包含颗粒之间的空隙。

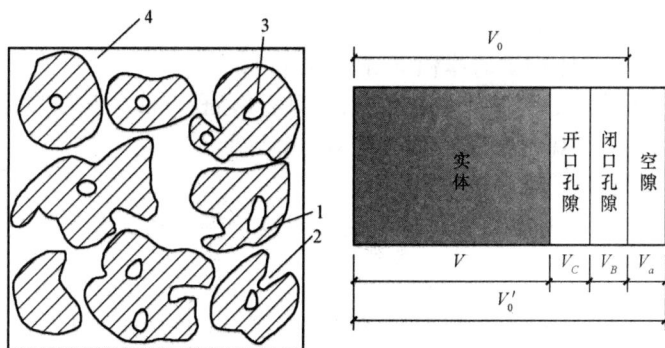

图 1-19 散粒材料堆积状态示意

1—固体物质所占体积 V；2—开口孔隙所占体积 V_B；

3—闭口孔隙所占体积 V_C；4—颗粒间的空隙体积 V_a

测定散粒材料的堆积密度时，通常采用容积筒进行。材料的质量是指填充在容积筒内的材料质量，其堆积体积是指容积筒对应的体积。

表 1-3 列出了常用建筑工程材料的密度、表观密度和堆积密度，在计算材料用量、计划运输台班和规划堆放场地时，可用于参考。

表 1-3 常用建筑工程材料的密度、表观密度和堆积密度

材料名称	密度/（g·cm⁻³）	表观密度/（kg·m⁻³）	堆积密度/（kg·m⁻³）
钢	7.85	7 850	—
花岗石	2.60～2.90	2 500～2 800	—
碎石	2.50～2.80	2 400～2 750	1 400～1 700
砂	2.50～2.80	2 400～2 750	1 450～1 700
黏土	2.50～2.70	—	1 600～1 800
水泥	2.80～3.20	—	1 250～1 600
烧结普通砖	2.50～2.70	1 600～1 900	—
烧结空心砖（多孔砖）	2.50～2.70	800～1 480	—
红松木	1.55	380～700	—
泡沫塑料	—	20～50	—
普通混凝土	2.50～2.90	2 100～2 600	—

2. 材料的密实度与孔隙率

（1）密实度。多数建筑材料的内部都是含有孔隙的，孔隙的存在将显著影响材料的性能。

密实度是指材料内部固体物质的体积占自然状态下材料总体积的百分率，也是反映材料内被固体物质所充实的程度。材料的密实度 D 通常用下式表示。材料的密实度越大，材料越致密。

$$D = \frac{V}{V_0} \times 100\% = \frac{\rho_0}{\rho} \times 100\% \tag{1-4}$$

式中 D——密实度（%）；

V——材料中固体物质的体积（m^3 或 cm^3）；

V_0——在自然状态下的体积，包括内部空隙体积（m^3 或 cm^3）；

ρ_0——材料的表观密度（g/cm^3 或 kg/m^3）；

ρ——材料的密度（g/cm^3 或 kg/m^3）。

（2）孔隙率。孔隙率 P 是指材料内部孔隙体积与自然状态下材料总体积的百分比，通常用下式表示：

$$P = \frac{V_0 - V}{V_0} \times 100\% = \left(1 - \frac{V}{V_0}\right) \times 100\% = 1 - D \qquad (1-5)$$

材料的孔隙特征多种多样，如大小、形状、分布、连通性等。一般情况下，孔隙率大的材料宜作为保温隔热材料或吸声材料，如岩棉（图 1-20）、聚苯乙烯泡沫板（图 1-21）等。孔隙率越小的材料，其强度越高，吸水性越小，抗渗性和抗冻性越好，宜作为主体承重材料，如混凝土（图 1-22）等。

图 1-20   岩棉   图 1-21   聚苯乙烯泡沫板   图 1-22   混凝土

材料孔隙率和密实度是从两个侧面反映材料的密实（致密）程度，即 $D + P = 1$，通常用孔隙率表示。孔隙结构和孔隙率对材料的表观密度、强度、吸水率、抗渗率、抗冻性及声、热、绝缘等有很大的影响。

3. 散粒材料的填充率与空隙率

（1）填充率。材料的填充率 D' 是指散粒材料在其堆积体积中，被其颗粒填充的程度，通常用下式表示：

$$D' = \frac{V_0}{V_0'} \times 100\% = \frac{\rho_0'}{\rho} \times 100\% \qquad (1-6)$$

式中 D'——散粒材料在堆积状态下的填充率（%）。

（2）空隙率。材料的空隙率 P' 是指散粒材料颗粒的空隙体积占堆积体积的百分率，通常用下式表示。空隙率的大小反映了散粒材料的颗粒互相填充的致密程度。

$$P' = \frac{V_0' - V_0}{V_0'} \times 100\% = 1 - D' \qquad (1-7)$$

式中 P'——散粒材料在堆积状态下的空隙率（%）。

D' 和 P' 从两个侧面反映散粒材料相互填充的疏密程度，空隙率可以作为控制混凝土骨料级配及计算砂率的依据。

二、建筑材料与水有关的性质

在建筑工程中，绝大多数建筑构件在不同程度上都要与水接触，水与建筑材料接触后，将会出现不同的物理和化学变化。如图 1-23、图 1-24 所示，水滴在烧结普通砖和玻璃表面表现出了不同的状态。

图 1-23　烧结普通砖表面滴水后

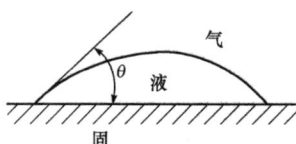

图 1-24　玻璃表面滴水后

1. 材料的亲水性与憎水性

材料在空气中与水接触时，能被水湿润的特性称为亲水性，具有这种性质的材料，称为亲水性材料，如混凝土、木材、砖等；对应的，不能被水湿润的特性，称为憎水性，具有这样性能的材料，称为憎水性材料，如玻璃、塑料、石蜡等。

微课：建筑材料与
水有关的性质

材料的亲水性与憎水性要根据水与材料表面的湿润边角的大小来定义。湿润边角是指水在材料、水和空气的交点处，沿水滴表面的切线与水和固体接触面所呈的夹角 θ，如图 1-25 所示。θ 越小，浸润性越好。

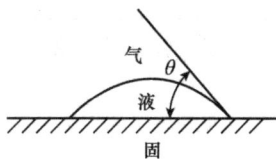

图 1-25　湿润边角

亲水性材料（图 1-26）的湿润边角在 0°～90°范围内，水分子间内聚力＜水分子与材料表面分子间的吸引力，材料与水亲和并扩展；憎水性材料（图 1-27）的湿润边角在 90°～180°范围内，水分子间内聚力＞水分子与材料表面分子间的吸引力，不与水亲和。

图 1-26　亲水性材料

图 1-27　憎水性材料

2. 材料的含水状态

亲水性材料的含水状态可分为以下四种，如图 1-28 所示。

（1）绝干状态。材料的孔隙中不含水分或含水极微。混凝土配合比计算的时候通常采用干燥状态，可通过将骨料放置在烘干箱里烘干至完全干燥状态。

（2）气干状态。材料的孔隙中含水时其相对湿度与大气湿度相平衡状态。干燥材料在潮湿环境中能吸收水分；潮湿材料在干燥环境中能放出水分，最终与空气湿度达到平衡，此时的含水率称为平衡含水率。

（3）饱和面干状态。材料表面无水，而孔隙中充满水并达到饱和。

（4）表面润湿状态。材料不仅孔隙中含水饱和，而且表面上被水湿润附有一层水膜。

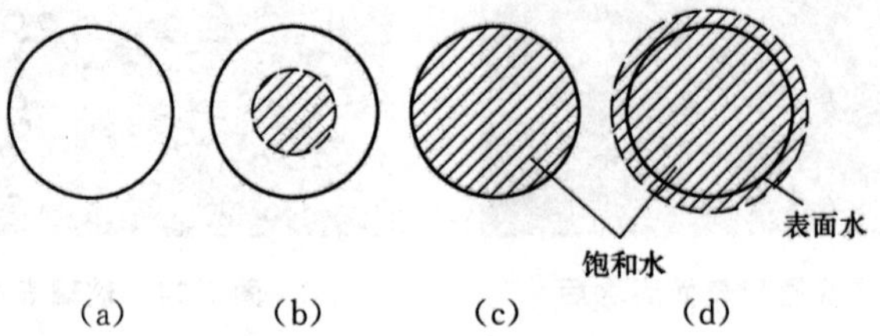

（a）　　　　（b）　　　　（c）　　　　（d）

图 1-28　材料的含水状态

（a）绝干状态；（b）气干状态；（c）饱和面干状态；（d）表面润湿状态

3. 材料的吸水性与吸湿性

（1）吸水性。材料的吸水性是指材料与水接触吸收水分的性质，用吸水率 W 表示。吸水率可分为质量吸水率和体积吸水率两类，通常采用质量吸水率表示。其计算公式如下：

$$W = \frac{m_1 - m}{m} \times 100\% \tag{1-8}$$

式中　m_1——材料吸水饱和状态下的质量（g）；

　　　m——材料在绝干状态下的质量（g）。

材料的吸水性不仅与其亲水性和憎水性有关，还与材料的孔隙率及孔隙特征有关，见表 1-4。孔隙率越高，吸水性越强。

表 1-4　材料的孔隙结构吸水能力及吸水率的对比

孔隙结构	封闭孔隙	粗大开口孔隙	细微开口孔隙
吸水能力	水分不易进入	易吸满水分	吸水能力最强
材料名称	致密岩石	普通混凝土	烧结普通砖	木材及多孔轻质材料
吸水率/%	0.50～0.70	2.00～3.00	8.00～16.00	>100

（2）吸湿性。吸湿性是指材料在潮湿空气中吸收水分的性质，一般用含水率 w 表示。其计算公式如下：

$$w = \frac{m_2 - m}{m} \times 100\% \tag{1-9}$$

式中　m——材料在绝干状态下的质量（g）；

　　　m_2——材料吸湿后的质量（g）。

吸水性与吸湿性的公式很相似，在使用中要注意区分。

4. 材料的耐水性、抗渗性与抗冻性

（1）耐水性。耐水性是指材料长期在饱和水作用下不破坏的性质，常用软化系数 K_R 表示。其计算公式如下：

$$K_R = \frac{f_{sat}}{f_d} \tag{1-10}$$

式中 f_{sat} ——材料在吸水饱和状态下的极限抗压强度（MPa）；

       f_d ——材料在绝干状态下的极限抗压强度（MPa）。

一般材料吸水后，水分会分散在材料内微粒的表面，削弱其内部结合力，强度则有不同程度的降低。当材料内含有可溶性物质时（如石膏、石灰等），吸入的水还可能溶解部分物质，造成强度的严重降低。

软化系数的大小表明材料浸水后强度降低的程度。软化系数的波动范围在 0~1。

在工程中，通常将 $K_R \geqslant 0.85$ 的材料称为耐水性材料，可以用于水中或潮湿环境中的重要工程。用于一般受潮较轻或次要的工程部位时，材料软化系数也不得小于 0.75。表 1-5 为建筑结构所用材料的软化系数对比情况。

表 1-5 建筑结构所用材料的软化系数对比情况

结构类别	次要结构或受潮较轻的结构	受水浸泡或长期处于潮湿环境的结构	特殊情况	耐水性材料
软化系数 K_R	不低于 0.75	不低于 0.85	K_R 应当更高	大于 0.8

（2）抗渗性。抗渗性是指材料在压力水作用下抵抗水渗透的性能，常用渗透系数 K 表示。其计算公式如下：

$$K = \frac{Qd}{AtH} \tag{1-11}$$

式中 K ——渗透系数（cm/h）；

       Q ——渗水量（cm^3）；

       d ——试件厚度系数（cm）；

       t ——渗水时间（h）；

       H ——水头差（cm）；

       A ——渗水面积（cm^2）。

材料的渗透系数越小，说明材料的抗渗性越强。表 1-6 为各类土壤的渗透系数。

表 1-6 各类土壤的渗透系数

土壤名称	渗透系数 K		土壤名称	渗透系数 K	
	m/d	cm/s		m/d	cm/s
黏土	<0.005	$<6\times10^{-6}$	中砂	5.0~20.0	6×10^{-3}~2×10^{-2}
粉质黏土	0.005~0.1	6×10^{-6}~1×10^{-4}	均质中砂	35~50	4×10^{-2}~6×10^{-2}
轻粉质黏土	0.1~0.5	1×10^{-4}~6×10^{-4}	粗砂	20~50	2×10^{-2}~6×10^{-2}
黄土	0.25~0.5	3×10^{-4}~6×10^{-4}	均质粗砂	60~75	7×10^{-2}~8×10^{-2}
粉砂	0.5~1.0	6×10^{-4}~1×10^{-3}	圆砾	50~100	6×10^{-2}~1×10^{-1}
细砂	1.0~5.0	1×10^{-3}~6×10^{-3}	卵石	100~500	1×10^{-1}~6×10^{-1}

材料的抗渗性也可用抗渗等级表示。抗渗等级是以规定的试件，在标准试验方法

下所能承受的最大水压力来确定，以字母 P 及可承受的水压力（以 0.1 MPa 为单位）来表示抗渗等级。

混凝土的抗渗等级划分为 P4、P6、P8、P10、P12、>P12，共六个等级，如 P6 表示能抵抗 0.6 MPa 静水压力不渗透。

材料的抗渗性与材料的耐久性有着密切的关系。地下建筑及水工建筑等因经常受压力水的作用，所用材料应具有一定的抗渗性。《地下工程防水技术规范》（GB 50108—2008）对地下工程所采用的防水混凝土也提出了相应的要求，见表 1-7。

表 1-7　防水混凝土设计抗渗等级

工程埋置深度 H/m	设计抗渗等级
$H<10$	P6
$10 \leqslant H<20$	P8
$20 \leqslant H<30$	P10
$H \geqslant 30$	P12

（3）抗冻性。抗冻性是指材料在吸水饱和状态下，抵抗多次冻融循环作用而不破坏，同时强度也不严重降低的性质，常用抗冻等级 Fn 表示。

抗冻等级是采用龄期 28 d 的试块在吸水饱和后，承受反复冻融循环，以抗压强度下降不超过 25%，而且质量损失不超过 5% 时所能承受的最大冻融循环次数来确定。

《混凝土质量控制标准》（GB 50164—2011）将混凝土划分为以下九个抗冻等级：F50、F100、F150、F200、F250、F300、F350、F400 和 >F400。

材料受冻融破坏主要是因为孔隙中的水结冰时体积会膨胀，从而对孔隙产生压力使孔壁开裂。影响冻融的因素主要有材料的孔隙率、孔隙特征、吸水率及降温速度等。

三、建筑材料与热有关的性质

现代建筑物在实用、安全、经济、节能等各方面的要求越来越高，给人们带来了更加舒适的环境。而建筑物冷暖的变化与材料的冷暖性质有着十分重要的联系。

微课：建筑材料
与热有关的性质

1. 材料的导热性

当材料两侧存在温差时，热量从材料一侧传递至材料的另一侧的性质，称为导热性，以导热系数 λ 表示，如图 1-29 所示。其计算公式如下：

$$\lambda = \frac{Qd}{(t_2 - t_1) AZ} \tag{1-12}$$

式中　λ——导热系数 [W/（m·K）]；

　　　Q——传导热量（J）；

　　　d——材料厚度（m）；

　　　t_1，t_2——材料两侧温度差（K）；

A——材料传热面积（m²）；

Z——传热时间（t）。

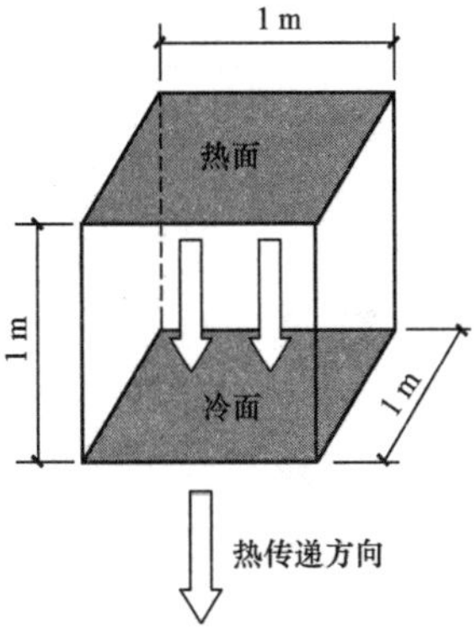

图 1-29 导热系数示意

导热性反映了材料的导热能力。导热系数 λ 越小，材料的绝热性能越好。通常，将导热系数小于 0.3 W/（m·K）的材料称为建筑保温材料，如聚苯乙烯泡沫塑料、聚氨酯泡沫塑料、酚醛、岩棉等都是常用的建筑保温材料，如图 1-30 所示。

| （a） | （b） | （c） | （d） |

图 1-30 常用的建筑保温材料

（a）聚苯乙烯泡沫塑料；（b）聚氨酯泡沫塑料；（c）酚醛；（d）岩棉

影响导热系数的主要因素有材料的化学成分及其分子结构、表观密度、孔隙率及孔隙的性质和大小、湿度、温度等状况。静止空气的导热系数很小，所以，一般材料的孔隙率越大，其导热系数越小；而水、冰的导热系数远大于空气的导热系数，材料受潮或冻结后，其导热系数会增大。因此，在结构设计和施工中，应采取相应措施使保温材料处于干燥状态，以发挥其保温作用。

2. 材料的热容量与比热

（1）热容量。设有一质量为 m 的物体，在某一过程中吸收（或放出）热量 ΔQ 时，温度升高（或降低）ΔT，则 $\Delta Q/\Delta T$ 称为物体在此过程中的热容量（简称热容），用 C 表示。其计算公式如下：

$$C = \frac{\Delta Q}{\Delta T} \tag{1-13}$$

热容量表示材料受热时吸收热量或冷却时放出热量的能力。

（2）比热。比热容是单位质量物质的热容量，即单位质量物体改变单位温度时吸收或放出的热量，用符号 c 表示，又称为比热容量，简称比热。其计算公式如下：

$$c = \frac{Q}{m\,(t_2 - t_1)} \tag{1-14}$$

比热表示 1 kg 的物质的温度上升 1 K 所需要的热量，单位是 $[J \cdot (kg \cdot K)^{-1}]$。

3. 材料的耐燃性与耐火性

（1）耐燃性。耐燃性是指材料经受高温与火的作用而不破坏，强度不严重降低的性能。

依据《建筑材料及制品燃烧性能分级》（GB 8624—2012），按照材料燃烧性质不同，建筑材料可分为不燃材料、难燃材料、可燃材料和易燃材料四个燃烧性能等级，见表 1-8。

表 1-8　建筑材料及制品燃烧性能等级

燃烧性能等级	名称	代表材料
A	不燃材料	砖、石、钢铁、混凝土、玻璃、岩棉等
B_1	难燃材料	水泥刨花板、硬 PVC 塑料板等
B_2	可燃材料	木材、胶合板、聚苯乙烯泡沫塑料等
B_3	易燃材料	油漆、纤维织物、聚苯泡沫等

（2）耐火性。耐火性是指材料在高温的长期作用下，保持不熔性并能工作的性能。经常使用的耐火材料有耐火砖（图 1-31）、耐火纤维布（图 1-32）等。

图 1-31　耐火砖

图 1-32　耐火纤维布

材料的耐火性用其耐火时间（h）来表示，称为耐火极限。依据《建筑设计防火规范（2018 年版）》（GB 50016—2014）规定，耐火极限是指在标准耐火试验条件下，建筑构件、配件或结构从受到火的作用时起，至失去承载能力、完整性或隔热性时止所用时间，用小时表示。

在防火设计中，建筑整体的耐火性能是保证建筑结构在发生火灾时不发生较大破坏的根本，而单一建筑结构构件的燃烧性能和耐火极限是确定建筑整体耐火性能的基础。

依据《建筑设计防火规范（2018 年版）》（GB 50016—2014）规定，民用建筑的耐火等级可分为一、二、三、四级。建筑耐火等级是由组成建筑物的墙、柱、楼板、屋顶承重构件和吊顶等主要构件的燃烧性能和耐火极限决定的，详见表1-9。

表 1-9　民用建筑构件的燃烧性能和耐火极限　　　　　　　　　h

构件名称		耐火等级			
		一级	二级	三级	四级
墙	防火墙	不燃性 3.00	不燃性 3.00	不燃性 3.00	不燃性 3.00
	承重墙	不燃性 3.00	不燃性 2.50	不燃性 2.00	难燃性 0.50
	非承重外墙	不燃性 1.00	不燃性 1.00	不燃性 0.50	可燃性
	楼梯间和前室的墙 电梯井的墙 住宅建筑单元之间的墙和分户墙	不燃性 2.00	不燃性 2.00	不燃性 1.50	难燃性 0.50
	疏散走道两侧的隔墙	不燃性 1.00	不燃性 1.00	不燃性 0.50	难燃性 0.25
	房间隔墙	不燃性 0.75	不燃性 0.50	难燃性 0.50	难燃性 0.25
柱		不燃性 3.00	不燃性 2.50	不燃性 2.00	难燃性 0.50
梁		不燃性 2.50	不燃性 1.50	不燃性 1.00	难燃性 0.50
楼板		不燃性 1.50	不燃性 1.00	不燃性 0.50	可燃性
屋顶承重构件		不燃性 1.50	不燃性 1.00	可燃性 0.50	可燃性
疏散楼梯		不燃性 1.50	不燃性 1.00	不燃性 0.50	可燃性
吊顶（包括吊顶搁栅）		不燃性 0.25	难燃性 0.25	难燃性 0.15	可燃性

　　在材料选用时，要注意区分材料的耐燃性与耐火性。耐燃的材料不一定耐火，耐火的材料一般都耐燃。

　　例如，钢材是不燃材料，但其耐火极限仅有 0.25 h，故钢材虽为重要的建筑结构材料，但其耐火性却较差，使用时需要进行特殊的耐火处理。纽约世贸大厦的倒塌（图1-33）正是因为受到撞击的那部分结构失去了防火隔热层，而内部钢结构在大火中迅速失去作用，最后垮塌压在了下面的建筑结构上，于是就像是多米诺骨牌一样整个垮塌下来。

| 撞击 | 火灾 | 强度削弱 | 楼板垮塌 | 多米诺效应 | 废墟 |

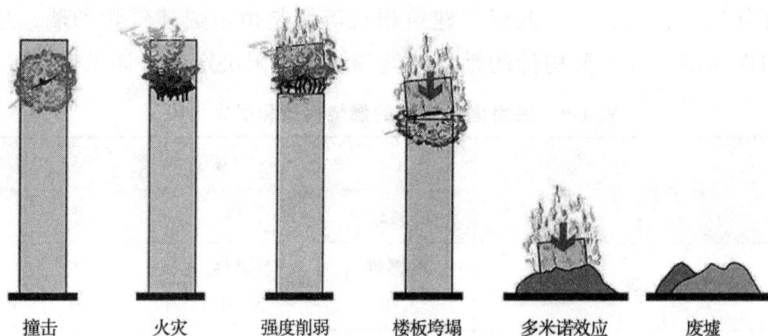

图 1-33　纽约世贸大厦的倒塌

单元三　建筑材料的力学性质

一、建筑材料的基本力学性质

材料的力学性能是指材料在不同环境（温度、介质、湿度）下，承受各种外加荷载（拉伸、压缩、弯曲、扭转、冲击、交变应力等）时所表现出的力学特征。其包括材料的变形和破坏。

微课：建筑材料的
基本力学性质

材料的变形是指在外力的作用下，材料通过形状的改变来吸收能量，如图 1-34 所示；材料的破坏是指当外力超过材料的承受极限时，材料出现断裂等丧失使用功能的变化，如图 1-35 所示。

图 1-34　钢材的弯曲变形

图 1-35　钢材的拉伸破坏

1. 材料的强度

强度是指材料在外力（荷载）作用下抵抗破坏的能力。

当材料受外力作用时，其内部产生应力，外力增加，应力相应增大，直至材料内部质点间结合力不足以抵抗所作用的外力时，材料即发生破坏。材料破坏时应力达到的极限值称为材料的极限强度，常用 f 表示。材料强度的单位为兆帕（MPa）。

建筑结构（构件）在外力作用下发生的基本变形主要有拉伸、压缩、剪切、扭转和弯曲变形（图1-36）。对应的材料抵抗这些外力破坏的能力分别称为抗拉强度、抗压强度、抗剪强度、抗扭强度和抗弯强度，总称为静力强度。其值可通过静力试验测定，一般使用万能试验机进行测定。

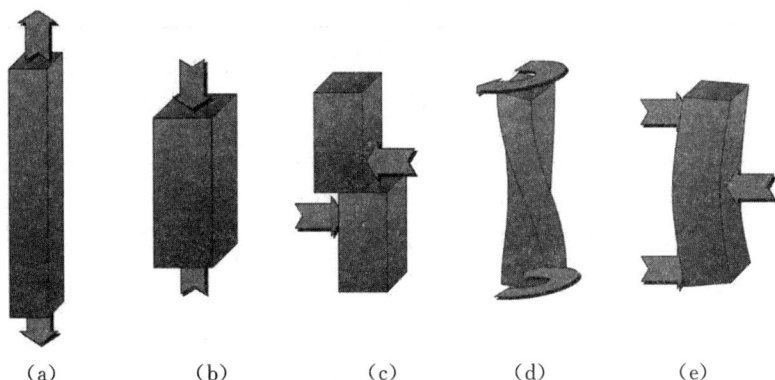

图1-36　材料受力的五种基本形式

（a）拉伸；（b）压缩；（c）剪切；（d）扭转；（e）弯曲

材料的强度一般由破坏性试验测定，与自身的状态及试验时的各种条件都有关系。

对试验结果有重要影响的因素包括材料的组成、结构与构造，孔隙率与孔隙特征，试验条件，材料的含水状态和温度。

另外，操作人员在实际操作时同样有着重要的关系。为了使试验结果更加准确，测定材料的强度必须由专业人员严格按照统一的标准试验方法进行。

2. 材料的强度等级

为合理使用材料，对于以强度为主要指标的建筑材料，一般按其强度的大小会被划分为若干个等级，称为强度等级。强度等级并非材料的真实强度而是人为规定的，其涉及强度保证率的概念。

例如，按照《混凝土结构设计标准（2024年版）》（GB/T 50010—2010）规定，混凝土强度等级应按立方体抗压强度标准值确定。

立方体抗压强度标准值是指按标准方法制作、养护的边长为150 mm的立方体试件，在28 d或设计规定龄期以标准试验方法测得的具有95％保证率的抗压强度值，如图1-37所示。

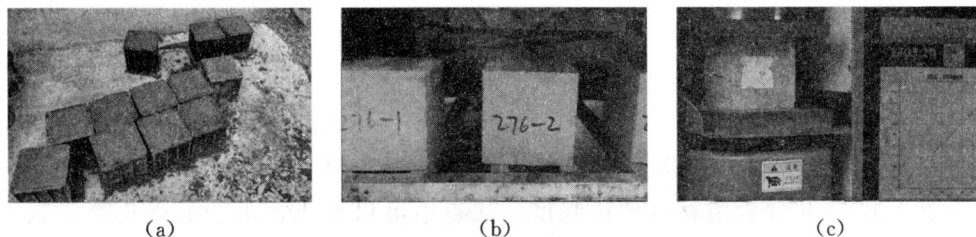

图1-37　混凝土立方体抗压强度试验流程

（a）试件制作；（b）试件养护；（c）试件抗压强度试验

普通混凝土划分为十三个等级，即 C20、C25、C30、C35、C40、C45、C50、C55、C60、C65、C70、C75、C80，见表 1-10。

表 1-10　混凝土轴心抗压强度标准值　　　　　　　　　　　　　N/mm²

强度	混凝土强度等级												
	C20	C25	C30	C35	C40	C45	C50	C55	C60	C65	C70	C75	C80
f_{ck}	13.4	16.7	20.1	23.4	26.8	29.6	32.4	35.5	38.5	41.5	44.5	47.4	50.2

脆性材料主要以抗压强度划分，塑性材料或韧性材料以抗拉强度来划分。如混凝土、砂浆、砖、水泥等材料，均以抗压强度进行划分，见表 1-11。钢筋则以抗拉强度进行划分，见表 1-12。

表 1-11　硅酸盐水泥的抗压与抗折强度

品种	强度等级	抗压强度/MPa		抗折强度/MPa	
		3 d	28 d	3 d	28 d
硅酸盐水泥	42.5	≥17.0	≥42.5	≥4.0	≥6.5
	42.5R	≥22.0		≥4.5	
	52.5	≥22.0	≥52.5	≥4.5	≥7.0
	52.5R	≥27.0		≥5.0	
	62.5	≥27.0	≥62.5	≥5.0	≥8.0

表 1-12　普通钢筋强度标准值　　　　　　　　　　　　　　　　N/mm²

牌号	符号	公称直径 d/mm	屈服强度标准值 f_{yk}	极限强度标准值 f_{stk}
HPB300	Φ	6～14	300	420
HRB400	$\underline{\Phi}$	6～50	400	540
HRBF400	$\underline{\Phi}^F$			
RRB400	$\underline{\Phi}^R$			
HRB500	$\underline{\underline{\Phi}}$		500	630
HRBF500	$\underline{\underline{\Phi}}^F$			

强度等级的划分对掌握材料的性质、合理选用材料、正确进行设计和施工及控制工程质量都具有重要的意义。

3. 材料的比强度

比强度是指单位体积质量的材料强度，等于材料的强度与其表观密度之比，是衡量材料是否轻质、高强的一项重要指标。比强度越大，材料的轻质、高强性能越好。

表 1-13 为几种常用材料的比强度。从表中可以看出，由于混凝土的表观密度很大，导致它的比强度很低，这也限制了混凝土在一些大跨度、超高层建筑中的应用。

表 1-13　几种常用材料的比强度

材料	表观密度/（kg·m^{-3}）	强度/MPa	比强度
低碳钢	7 850	420	0.054
普通混凝土（抗压）	2 400	40	0.017
松木（顺纹抗拉）	500	100	0.200
玻璃钢	2 000	450	0.225
烧结普通砖（抗压）	1 700	10	0.006

表 1-14 为纤维复合材料与金属材料的性能对比。从表中可以看出，CFRP 即碳纤维增强复合材料具有很高的比强度，这种质量轻、强度高的新型材料正在被应用于建造各类建筑。

表 1-14　纤维复合材料与金属材料的性能对比

材料	密度/（g·cm^{-3}）	拉伸强度/MPa	比强度/［MPa·（g·cm^{-3}）$^{-1}$］	拉伸模量/GPa	比模量/［GPa·（g·cm^{-3}）$^{-1}$］
碳钢（Q345）	7.8	490	63	206	26
不锈钢（SUS301）	7.9	820	105	195	25
铝合金	2.8	420	151.1	72	25.9
CFRP	1.6	1 760	1 100	130	81
GFRP	2.0	1 245	623.0	48	24.1
AFRP	1.4	1 373	981.0	78.4	56

2020 年，德国海茵建筑设计事务所设计完成了世界上第一个碳纤维混凝土建筑——Cube 实验楼，如图 1-38 所示。这是一个 220 m^2 的实验室，位于德累斯顿理工大学的中心地带，融合了实验室和举办活动的空间，为这所院校的建筑设计和结构创新树立了典范。

图 1-38　世界上第一个碳纤维混凝土建筑——Cube 实验楼

借助这种轻质又坚固的新型建筑材料，建筑师可以实现更加灵活的设计，同时更加节能——使用这种创新材料，可以减少项目建设过程中 50% 的碳排放。

二、建筑材料的其他力学性质

1. 材料的弹性与塑性

弹性是指材料在外力作用时发生变形，当外力消失后，材料能够完全恢复其原来形状和尺寸的性质，如图 1-39 所示；塑性是指材料在外力作用时发生变形，当外力消失后，材料不能恢复其原来形状和尺寸，但本身不会产生裂缝的性质，如图 1-40 所示。

微课：材料的其他力学性质

图 1-39 弹性示意

图 1-40 塑性示意

简单来说，弹性变形是可以恢复的，塑性变形是不可以恢复的。没有单纯的弹性材料或塑性材料，一般的材料都是弹塑性材料。

在弹塑性体的变形中，有一部分是弹性变形，其余部分是塑性变形。即材料在受外荷载以后的应力—应变图中会发生弹性变形和塑性变形，这两种变形可以同时发生，如铸铁（图 1-41）等；也可以先发生弹性变形（可恢复），再发生塑性变形（不可恢复），如低碳钢（图 1-42）等。

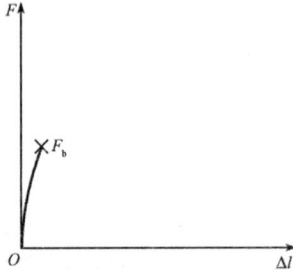

图 1-41 铸铁受拉时应力—应变曲线

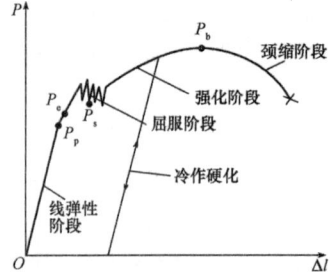

图 1-42 低碳钢受拉时应力—应变曲线

2. 材料的脆性和韧性

脆性是指材料在施加冲击荷载作用下突然破坏，而没有明显的变形的性质。脆性材料的特点是塑性变形小，抵抗冲击、振动荷载的能力差，抗压强度高，抗拉强度低。如混凝土、砖、陶瓷、玻璃等大部分无机非金属材料属于脆性材料，如图 1-43 所示。

图 1-43 混凝土的脆性破坏

韧性是指材料在施加冲击荷载作用下能够吸收较大的能量而不被破坏的性质。韧性材料的特点是塑性变形大，抗拉、抗压强度较高。建筑钢材、木材、橡胶等属于韧性材料，如图1-44所示。

图 1-44　钢材的韧性破坏

3. 材料的硬度和耐磨性

硬度是指材料局部抵抗硬物压入其表面的能力，是比较各种材料软硬的指标。不同材料的硬度测定方法不同，常用压入法和刻划法测定。

钢材、木材和混凝土等材料的硬度常采用压入法测定（图1-45），使用的仪器为布氏硬度计（图1-46），如布氏硬度、洛氏硬度、维氏硬度。

图 1-45　布氏硬度计

(a)　　　　　　　(b)　　　　　　　(c)

图 1-46　压入法硬度测定方法

（a）布氏硬度；（b）洛氏硬度；（c）维氏硬度

天然矿物的硬度采用刻划法测定，也称为摩氏硬度，用十种硬度递增的矿物硬度来标定测定矿物的相对硬度，如图1-47所示。

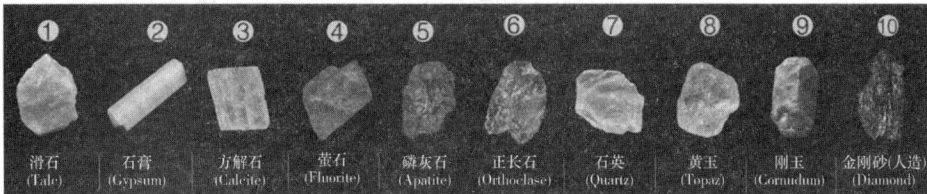

①	②	③	④	⑤	⑥	⑦	⑧	⑨	⑩
滑石 (Talc)	石膏 (Gypsum)	方解石 (Calcite)	萤石 (Fluorite)	磷灰石 (Apatite)	正长石 (Orthoclase)	石英 (Quartz)	黄玉 (Topaz)	刚玉 (Cornundum)	金刚砂（人造）(Diamond)

图 1-47　刻划法（摩氏硬度）

耐磨性是指材料表面抵抗磨损的能力，硬度大，耐磨性也强。材料的耐磨性常以磨损率 G 表示。其计算公式如下：

$$G = \frac{m_1 - m_2}{A} \qquad (1-15)$$

式中　G——材料的磨损率（g/cm^2）；

　　　m_1——材料磨损前的质量（g）；

m_2——材料磨损后的质量（g）；

A——试件受磨面积（cm^2）。

在建筑中，地面、踏步、台阶、路面等处的材料，应适当考虑硬度和耐磨性。

模块小结

本模块主要讲解建筑材料的定义、组成与分类、技术标准、基本性质及其应用。通过本模块的学习，学生应掌握建筑材料的组成与基本性质。

思考与练习

一、单选题

1. 材料在（　　）状态下单位体积的质量称为密度。

　　A. 天然　　　　　　　　　　　　B. 自然

　　C. 绝对密实　　　　　　　　　　D. 疏松堆放

2. 材料在（　　）状态下单位体积的质量称为表观密度。

　　A. 天然　　　　　　　　　　　　B. 自然

　　C. 绝对密实　　　　　　　　　　D. 疏松堆放

3. （　　）是散粒状材料在疏松堆放状态下单位体积的质量。

　　A. 密度　　　　B. 表观密度　　　　C. 堆积密度　　　　D. 压实密度

4. 建筑材料按（　　）可分为无机材料、有机材料和复合材料。

　　A. 化学成分　　　B. 来源　　　C. 使用部位　　　D. 主要功能

二、多选题

建筑材料国家标准的代号为（　　）。

A. GB/T　　　　　　B. GB　　　　　　C. JC　　　　　　D. DB

三、判断题

1. 建筑材料技术标准是材料生产、质量检验、验收及材料应用等方面的技术准则和必须遵守的技术法规。　　　　　　　　　　　　　　　　　　　　　　（　　）

2. 导热性反映了材料的导热能力，导热系数越大，材料的绝热性能越好。

　　　　　　　　　　　　　　　　　　　　　　　　　　　　　　　　　　（　　）

3. 材料的吸水性是指材料与水接触吸收水分的性质。　　　　　　　　　　（　　）

4. 建筑材料正确、节约、合理的运用直接影响到建筑工程的造价和投资。

　　　　　　　　　　　　　　　　　　　　　　　　　　　　　　　　　　（　　）

5. 比强度是指单位体积质量的材料强度，比强度越大，材料的轻质、高强性能越好。　　　　　　　　　　　　　　　　　　　　　　　　　　　　　　　　（　　）

四、讨论题

1. 新建的房屋保暖性差，到了冬季更甚，这是为什么？

2. 密度、表观密度与堆积密度有什么区别？

3. 耐燃性与耐火性有什么区别？哪种材料耐燃却不耐火？

模块二

胶凝材料进场检验

➡ 知识目标

1. 掌握石灰、石膏的材料性能。
2. 掌握通用硅酸盐水泥的定义与分类。
3. 了解硅酸盐水泥的原料及生产工艺。
4. 掌握硅酸盐水泥的材料性质与应用。
5. 掌握水泥的检测方法。
6. 掌握水泥的验收、包装与储运要求。
7. 了解专用水泥与特性水泥。

➡ 能力目标

1. 能够合理选用石膏与石灰。
2. 能够合理选择各类水泥。
3. 能够准确完成水泥的性能检测工作。

➡ 素养目标

1. 具备较高的职业素养与良好的职业认同感。
2. 具备执着专注、精益求精、一丝不苟、追求卓越的工匠精神。
3. 具备崇尚劳动、热爱劳动、辛勤劳动、诚实劳动的精神。
4. 培养团队合作意识，具备团队协作能力。

单元一　石　灰

一、胶凝材料的基本知识

1. 胶凝材料的定义

胶凝材料是指在物理、化学作用下，能胶结其他物料从浆体变成坚固的石状体的物质，也称为胶结料。

微课：凝胶材料的
基本知识

2. 胶凝材料的分类

根据化学组成的不同，胶凝材料可分为无机胶凝材料和有机胶凝材料两大类。石灰、石膏、水泥等工地上俗称为"灰"的建筑材料属于无机胶凝材料，如图2-1所示；沥青、树脂、橡胶等属于有机胶凝材料，如图2-2所示。

（a）　　　　　　　　（b）　　　　　　　　（a）　　　　　　　　（b）

图 2-1　无机胶凝材料　　　　　　　　图 2-2　有机胶凝材料

（a）石灰；（b）水泥　　　　　　　　（a）沥青；（b）树脂

无机胶凝材料按其硬化条件的不同又可分为气硬性胶凝材料与水硬性胶凝材料两类。

（1）气硬性胶凝材料是指只能在空气中凝结硬化，也只能在空气中保持和发展其强度。石灰、石膏、水玻璃等都属于气硬性胶凝材料。

（2）水硬性胶凝材料是指不仅能在空气中凝结硬化，而且能更好地在水中硬化，并保持和发展其强度，各种水泥属于水硬性胶凝材料。

3. 胶凝材料的历史

作为一种古老的建筑材料，胶凝材料有着悠久的历史，它先后经历了天然产出的黏土、石膏—石灰、天然水泥及人工配料制得水硬性胶凝材料等多个阶段。

（1）天然胶凝材料时期（黏土）：新石器时代（4 000～10 000 年前）。古埃及人采用尼罗河的泥浆砌筑未经煅烧的土砖，如图2-3所示。为增加强度和减少收缩，在泥浆中还掺入砂子和草。

（a）　　　　　　　　　　　　　　　　（b）

图 2-3　考古发现的泥砖地基与泥砖

（a）泥砖地基；（b）泥砖

（2）石膏—石灰时期：在公元前 3 000 年至公元前 2 000 年间，古埃及人开始采用煅烧石膏作为建筑胶凝材料，在古埃及金字塔（图2-4）的建造中就使用了煅烧石膏。

古希腊（公元前 800 年至公元前 146 年）人使用由石灰石煅烧制得的石灰和砂子

作为建筑灰浆，古罗马帝国吞并希腊后继承了这个传统。古罗马斗兽场（图 2-5）就是使用石膏—石灰制造的。

图 2-4　古埃及金字塔

图 2-5　古罗马斗兽场

（3）天然水泥时期：18 世纪后期。1796 年，英国人詹姆斯·帕加用泥灰岩烧制出了一种水泥，外观呈棕色，很像古罗马时代石灰和火山灰的混合物，命名为罗马水泥，如图 2-6 所示。因为天然水泥是采用天然泥灰岩（图 2-7）作为原料，不经配料直接烧制而成的，故又名天然水泥。

图 2-6　罗马水泥

图 2-7　天然泥灰岩

（4）硅酸盐水泥时期：19 世纪初开始。1824 年，英国泥水匠约瑟夫·阿斯普丁（图 2-8）以石灰石和黏土为原料，按一定比例配合后，在立窑内煅烧成熟料，再经磨细制成水泥，因水泥硬化后的颜色与英格兰岛上波特兰地方用于建筑的石头相似，被命名为波特兰水泥，如图 2-9 所示。1824 年 10 月 21 日，这位英国利兹城的泥水匠获得英国第 5022 号的"波特兰水泥"专利证书，从而成为被后世永远牢记的水泥发明人。

图 2-8　约瑟夫·阿斯普丁

图 2-9　波特兰水泥

（5）多品种水泥时期：20 世纪至今。在发明波特兰水泥后的 100 多年间，人们不断地改进波特兰水泥性能。目前，全世界的水泥品种已发展到 100 多种，如图 2-10 所示。

图 2-10　多品种水泥

二、石灰的制备

1. 石灰制备的历史

石灰是人类最早应用的胶凝材料。石灰在土木工程中应用范围很广，历史上长期作为胶凝材料应用于地基、基础、墙体、屋面、饰面等部位，如图 2-11、图 2-12 所示。

微课：石灰的制备

图 2-11　王湾遗址的房基 F1 居住面剖面图

图 2-12　河南巩义三座唐初石灰窑

1931 年，著名考古学家梁思永在安阳后冈遗址（图 2-13）首次发现了一层白色石灰状物质，因不确定其名称和用途临时称其为"白灰面"。经放射性碳十四测定，后冈遗址的这些白灰面是人工烧制过的天然石灰岩的形成品，与今天人工烧制的石灰已无本质区别。

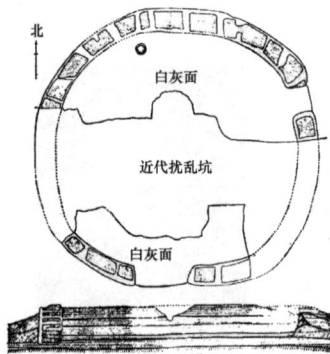

图 2-13　安阳后冈遗址（公元前 4 000 年至公元前 1 100 年）

明代的《天工开物》从原料的选择、煅烧燃料及消化方式等方面对石灰的制作工艺进行了详细记载，如图 2-14 所示。

凡石灰，经火焚炼为用。成质之后，入水永劫不坏。亿万舟楫，亿万垣墙，窒隙防淫，是必由之。百里内外，土中必生可燔石，石以青色为上，黄白次之。

石必掩土内二三尺，掘取受燔，土面见风者不用。燔灰火料，煤炭居十九，薪炭居十一。

先取煤炭、泥和做成饼，每煤饼一层，垒石一层，铺薪其底，灼火燔之。最佳者曰矿灰，最恶者曰窑滓灰。

火力到后，烧酥石性，置于风中，久自吹化成粉。急用者以水沃之，亦自解散。

图 2-14 《天工开物》

古代流传下许多以石灰为题材的诗词，千古吟颂。明代文学家于谦在诗作《石灰吟》中，对石灰的锻炼过程进行了诗意化、象征化的描述，如图 2-15 所示。

(明) 于谦

千锤万凿出深山，

烈火焚烧若等闲。

粉骨碎身浑不怕，

要留清白在人间。

图 2-15 于谦与诗作《石灰吟》

2. 石灰制备的原材料

石灰常用的生产原材料有石灰岩（图 2-16）、白垩（图 2-17）、白云质石灰岩（图 2-18）、大理石、贝壳及各类化学工业副产品（工业废渣）。

图 2-16 石灰岩   图 2-17 白垩   图 2-18 白云质石灰岩

最主要的原材料是石灰石，其主要成分为碳酸钙（$CaCO_3$），其次是碳酸镁（$MgCO_3$）及一些黏土杂质。

石灰石分布在深山中，首先要对石灰矿进行爆破，将大型岩石变成石灰石原石，石灰石都是大块状，不能直接使用，需要经过破碎设备，将块状物粉碎成大小均匀的颗粒状石灰石原料，才能运至石灰窑进行烧制。石灰石的开采过程如图 2-19 所示，这也正印证了《石灰吟》中"千锤万凿出深山"的诗句。

图 2-19　石灰石开采过程

3. 石灰制备的工艺

石灰生产的原理是将主要成分为碳酸钙（$CaCO_3$）的石灰石原料，在适当温度下煅烧，排除分解出的二氧化碳后，所得的以氧化钙（CaO）为主要成分的产品即石灰，又称为生石灰。由于生产原料中常含有碳酸镁（$MgCO_3$），因此生石灰中还含有次要成分氧化镁（MgO）。

$$CaCO_3 \longrightarrow CaO + CO_2 \uparrow \tag{2-1}$$

$$MgCO_3 \longrightarrow MgO + CO_2 \uparrow \tag{2-2}$$

石灰的生产需要在窑内进行，古人使用土窑（图 2-20）进行石灰的生产，生产流程包括装窑、烧窑、冷却、出窑等工序，各工序以人工操作为主，耗时耗力。由于土窑能耗高、热效率低、环境污染严重，因此国家于 2009 年 4 月已明令禁止土窑的生产。

立窑是指上部加料下部出料连续煅烧熟料的热工设备，如图 2-21 所示。其由窑体、加出料装置及通风设备等组成。按逆流传热原理工作，窑内物料自上而下运动，烟气自下而上穿过整个料柱物料在窑内预热、煅烧及冷却。立窑广泛用于煅烧各种耐火原料和石灰，其优点是基本建设投资较省、占地面积较少、热效率高、燃耗低及易于机械化和自动化。但立窑窑体结构复杂，对操作水平要求较高；且石灰石粒度受限制，易出现受热不均匀，产品过烧率高。

图 2-20　土窑

图 2-21　立窑

回转窑是一个转动的卧式圆筒型石灰窑，又称为旋窑，如图 2-22 所示。回转窑具有原料利用率高、产能大、运转率高、煅烧完全、质量均匀、节能环保，操作简便、整机寿命长等特点，符合国家环保节能降耗的政策。且生产规模大，可以达到 2 000 t/d 的产量；但是，回转窑占地面积大、投资高、热损失较大、生产成本高、故障检修率较高。

图 2-22　回转窑

石灰的煅烧需要足够的温度和时间。石灰石在 600 ℃ 左右时开始分解，并随着温度的提高其分解速度也逐渐加快；当温度达到 900 ℃ 时，CO_2 分压达到 1×10^5 Pa，此时的分解就能达到较快的速度，因此，常将这个温度作为 $CaCO_3$ 的分解温度。在实际生产中，可以采用更高的煅烧温度进一步加快石灰石分解的速度，但不得采用过高的温度，通常控制在 1 000～1 200 ℃。通过高温煅烧，得到了以氧化钙（CaO）为主要成分的生石灰。《石灰吟》中"烈火焚烧若等闲"的诗句对此描绘也是十分贴切。

4. 石灰制备的工艺产物

石灰在煅烧过程中，当煅烧温度和煅烧时间均正常，将得到正火石灰。正火石灰的颜色洁白或微黄，呈多孔结构，内部孔隙率大，表观密度较小，晶粒细小，与水反应迅速，产浆量大，黏结性能强。

当煅烧温度过低、煅烧时间不足或原料尺寸过大时，会出现欠火石灰。欠火石灰外部为正常煅烧的石灰，残留有未烧透的石灰石内核。欠火石灰不能完全消化，利用率低，黏结能力差。

当煅烧温度过高或煅烧时间过长时，会出现过火石灰。过火石灰颜色变深，石灰表面出现裂纹或玻璃状的外壳，体积收缩明显。熟化慢，硬化后体积膨胀，会引起鼓包和开裂破坏。

石灰石原料经过煅烧和破碎后，会得到块状生石灰，再经过磨细，就可以得到生石灰粉。依据《建筑生石灰》（JC/T 479—2013）规定，氧化镁含量＞5％的，为镁质石灰；氧化镁含量≤5％的，为钙质石灰。石灰制备产物的过程如图 2-23 所示。《石灰吟》中"粉身碎骨浑不怕，要留清白在人间"的诗句与石灰的生产流程十分对应。

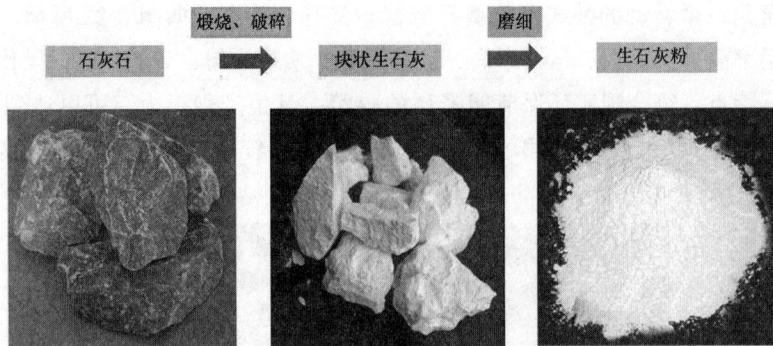

石灰石 ——煅烧、破碎——> 块状生石灰 ——磨细——> 生石灰粉

图 2-23　石灰制备产物的过程

三、石灰的胶凝机理

1. 石灰的熟化

石灰的熟化也称为消化，是指生石灰加水后发生水化反应，并自动松散为粉末或浆体的过程。经过消化的石灰称为消石灰或熟石灰。其化学反应方程式如下：

$$CaO + H_2O \longrightarrow Ca(OH)_2 + 64.79 \text{ kJ/mol} \tag{2-3}$$

石灰熟化的特点是速度快，放出大量热量，1 kg 生石灰放热 1 160 kJ；体积剧烈膨胀，增大 1～2.5 倍。

根据加水量的不同，石灰熟化的产物可分为消石灰粉和石灰膏两类。

（1）消石灰粉（图 2-24）是生石灰经适量水消化、干燥而得到的粉末，主要成分为氢氧化钙 [Ca(OH)_2]，也称为熟石灰粉。石灰熟化的理论需水量为生石灰质量的 32%，但由于熟化放热导致水的蒸发，实际加水量一般为生石灰质量的 70% 左右。

（2）石灰膏（图 2-25）是将生石灰用过量水消化而得到的可塑性浆体，主要成分为氢氧化钙 [Ca(OH)_2] 和水。为得到石灰膏，需要加入大量的水，加水量为生石灰质量的 300%～400%。

图 2-24　消石灰粉

图 2-25　石灰膏

石灰熟化的方法可分为淋灰法和化灰法两种。

（1）淋灰法（图 2-26）是指在生石灰中均匀加入适量的水，得到颗粒细小、分散均匀的熟石灰粉，工地常用此方法调制消石灰粉。通常每堆放 50 cm 高的生石灰块，淋 60%～80% 的水，直至数层，使之充分消解而又不过湿成团。此方法的特点是转化速度快，几分钟即可转化完成，但是瞬间释放的热量较大，并有较大的体积膨胀，容易发生危险。

（2）化灰法（图 2-27）是指生石灰在化灰池中熟化成石灰浆，通过筛网流入储灰坑，石灰浆在储灰坑中沉淀并除去上层水分后形成石灰膏，主要用于拌制石灰砌筑砂浆或抹灰砂浆。为了消除过火石灰的危害，石灰浆应在储灰坑中保存两周以上，称为"陈伏"。"陈伏"期间，石灰表面应保有一层水分，与空气隔绝，以避免碳化。

图 2-26　淋灰法　　　　　　　　　　图 2-27　化灰法

2. 石灰的硬化

石灰浆在空气中的硬化包括结晶和碳化两个同时进行的过程。结晶是指石灰膏或浆体在干燥过程中，水分蒸发或被砌体吸收，氢氧化钙以晶体形体析出，并产生强度的过程。碳化是指石灰膏中的氢氧化钙与空气中的二氧化碳反应生成碳酸钙晶体，释放水分并被蒸发，碳酸钙结晶产生强度的过程。

石灰硬化的化学反应方程式如下：

$$Ca(OH)_2 + CO_2 + nH_2O \longrightarrow CaCO_3 \downarrow + (n+1)H_2O \tag{2-4}$$

$$Ca(OH)_2 \rightarrow Ca(OH)_2 \tag{2-5}$$
$$\text{浆体} \qquad \text{晶体}$$

碳化硬化是化学变化过程，由外向里发生反应；失水结（析）晶硬化是物理变化过程，由里向外发生反应。由于碳化硬化是由外向里发生反应的，因此对结晶硬化会有阻碍作用。由以上反应可知，石灰硬化的特点是凝结硬化慢，硬化后强度低，硬化时体积收缩大，耐水性差。

熟石灰在硬化过程中，水分大量蒸发，会产生干裂现象（图 2-28），所以纯石灰膏不能单独使用。一般需要掺入一定量的集料（如砂子等）和纤维材料（如麻刀、纸筋等）等材料，在减少石灰用量的同时加速内部水分蒸发和二氧化碳的渗入，有利于熟石灰的硬化。

图 2-28　石灰膏开裂

四、石灰的性质、技术标准及应用

1. 石灰的性质

（1）可塑性和保水性好。生石灰熟化后的石灰浆是球状细颗粒高度分散的胶体，$Ca(OH)_2$ 表面吸附一层较厚的水膜，降低了颗粒之间的摩擦力，具有良好的可塑性，易摊铺成均匀薄层。在水泥砂浆中掺入石灰浆，可使可塑性显著提高。

微课：石灰的性质、技术标准及应用

（2）硬化慢，强度低，耐水性差。从石灰浆硬化过程可以看出，由于空气中二氧化碳稀薄，碳化过程缓慢。因生成的 $CaCO_3$ 和 $Ca(OH)_2$ 晶体量少且生成缓慢，硬化后强度较低。受潮后石灰溶解，强度更低，在水中还会溃散，如图 2-29 所示。因此，石灰不宜在潮湿环境下使用，也不宜单独用于建筑物基础。

（3）硬化时体积收缩大。石灰在硬化过程中，水分大量蒸发，导致内部毛细管失水收缩，引起显著体积变化，使硬化的石灰出现干缩裂缝，如图 2-30 所示。石灰不宜单独使用，通常在施工中掺入砂、纸筋、麻刀等以减少收缩，增加抗拉强度，并能节约石灰。

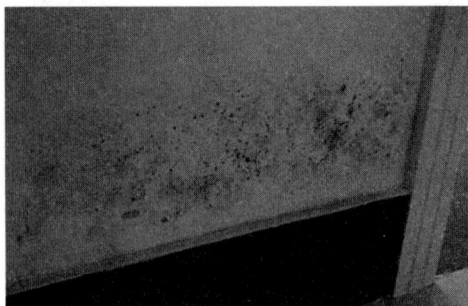

图 2-29　石灰耐水性差

图 2-30　石灰硬化时体积收缩大

2. 石灰的技术标准

根据《建筑生石灰》（JC/T 479—2013）规定，钙质石灰和镁质石灰根据化学成分的含量可分为不同等级，见表 2-1。

表 2-1　建筑生石灰的分类

类别	名称	代号
钙质石灰	钙质石灰 90	CL 90
	钙质石灰 85	CL 85
	钙质石灰 75	CL 75
镁质石灰	镁质石灰 85	ML 85
	镁质石灰 80	ML 80

生石灰的识别标志由产品名称、加工情况和产品依据标准编号组成。生石灰块在代号后加 Q，生石灰粉在代号后加 QP。

示例：符合 JC/T 479—2013 的钙质生石灰粉 90 标记为

$$CL\ 90—QP\ JC/T4\ 79—2013$$

式中　CL——钙质石灰；

　　　90——（CaO＋MgO）百分含量；

　　　QP——粉状；

　　　JC/T 479—2013——产品依据标准。

建筑生石灰的化学成分应符合表 2-2 的要求，按《建筑石灰试验方法　第 2 部分：化学分析方法》（JC/T 478.2—2013）进行化学分析。

表 2-2　建筑生石灰的化学成分　　　　　　　　　　　　　%

名称	（氧化钙＋氧化镁）（CaO＋MgO）	氧化镁（MgO）	二氧化碳（CO_2）	三氧化硫（SO_3）
CL 90—Q CL 90—QP	≥90	≤5	≤4	≤2
CL 85—Q CL 85—QP	≥85		≤7	
CL 75—Q CL 75—QP	≥75		≤12	
ML 85—Q ML 85—QP	≥85	>5	≤7	
ML 80—Q ML 80—QP	≥80			

建筑生石灰的物理性质应符合表 2-3 的要求，按《建筑石灰试验方法　第 1 部分：物理试验方法》（JC/T 478.1—2013）进行物理试验。

表 2-3　建筑生石灰的物理性质

名称	产浆量 / $(dm^3 \cdot 10\ kg^{-1})$	细度	
		0.2 mm 筛余量/%	90 μm 筛余量/%
CL 90－Q	≥26	—	—
CL 90－QP	—	≤2	≤7
CL 85－Q	≥26	—	—
CL 85－QP	—	≤2	≤7
CL 75－Q	≥26	—	—
CL 75－QP	—	≤2	≤7
ML 85－Q	—	—	—
ML 85－QP		≤2	≤7
ML 80－Q	—	—	—
ML 80－QP		≤7	≤2

根据《建筑消石灰》（JC/T 481—2013）规定，扣除游离水和结合水后氧化镁和氧化钙的百分含量，将建筑消石灰分为钙质消石灰和镁质消石灰，见表 2-4。

表 2-4　建筑消石灰的技术指标

类别	名称	代号
钙质消石灰	钙质消石灰 90	HCL 90
	钙质消石灰 85	HCL 85
	钙质消石灰 75	HCL 75
镁质消石灰	镁质消石灰 85	HML 85
	镁质消石灰 80	HML 80

建筑消石灰的化学成分应符合表 2-5 的要求，按《建筑石灰试验方法　第 2 部分：化学分析方法》（JC/T 478.2—2013）进行化学分析。

表 2-5　建筑消石灰的化学成分　　　　　　　　　　　　%

名称	（氧化钙＋氧化镁）$(CaO+MgO)$	氧化镁 (MgO)	三氧化硫 (SO_3)
HCL 90	≥90	≤5	≤2
HCL 85	≥85		
HCL 75	≥75		
HML 85	≥85	>5	
HML 80	≥80		

建筑消石灰的物理性质应符合表 2-6 的要求，按《建筑石灰试验方法　第 1 部分：物理试验方法》（JC/T 478.1—2013）进行物理试验。

表 2-6　建筑消石灰的物理性质

名称	游离水/%	细度		安定性
		0.2 mm 筛余量/%	90μm 筛余量/%	
HCL 90	≤2	≤2	≤7	合格
HCL 85				
HCL 75				
HML 85				
HML 80				

3. 石灰的应用

石灰在建筑上用途很广,主要用于以下几个方面:

(1) 石灰乳。消石灰粉或石灰膏中掺入大量的水搅拌稀释,称为石灰乳,主要用于外墙、内墙和顶棚的刷白。调入少量磨细粒化高炉矿渣或粉煤灰,可提高粉刷层的防水性。调入氯化钙和明矾,可减少涂层粉化现象;调入各色耐碱颜料,可获得更好的装饰效果。

(2) 石灰砂浆和混合砂浆。石灰具有良好的可塑性和黏结性,常用来配制石灰砂浆和混合砂浆,用于砌筑和抹灰工程。石灰砂浆仅用于强度要求低、干燥环境,成本比较低。混合砂浆由于加入了石灰膏,改善了砂浆的和易性,操作起来比较方便,有利于砌体密实度和工效的提高。

(3) 石灰土(灰土)和三合土。将消石灰粉与黏土的拌合物称为石灰土。若再加入砂石和碎砖、炉渣等即三合土。石灰土和三合土在夯实或压实后,可用作墙体、建筑物基础、路面和地面的垫层或简易地面。石灰常占灰土总量的 10%~30%,即一九、二八及三七灰土。

(4) 硅酸盐制品。磨细生石灰(或消石灰粉)和硅质材料(如粉煤灰、粒化高炉矿渣、煤矸石等)加水拌和,必要时加入少量石膏,经成型、蒸养或蒸压养护等工序而成的建筑材料,统称为硅酸盐制品。其主要产品有灰砂砖、粉煤灰砖、粉煤灰砌块、硅酸盐砌块等。硅酸盐制品是目前我国积极推广的一种新型墙体材料。其具有轻质、高强、无毒、无辐射、保温隔热性能好、使用能耗低、防水性能好、施工方便、经济合理的优点。

五、石灰的储运

建筑生石灰粉、建筑消石灰粉一般用袋装,袋上应标明厂名、产品名称、商标、净重、批量编号。

生石灰在运输和储存时要防止受潮,且储存时间不宜过长。否则生石灰会吸收空气中的水分自行消化成消石灰粉,然后与二氧化碳作用形成碳化层,失去胶凝能力。工地上一般将石灰的储存期变为陈伏期。陈伏期间,石灰膏上部要覆盖一层水,以防止碳化。

生石灰不宜与易燃、易爆物品共存、运输，以免酿成火灾。这是因为储运中的生石灰受潮熟化要放出大量的热且体积膨胀，会导致易燃、易爆物品燃烧和爆炸。

在石灰的储存和运输中必须注意，生石灰应在干燥环境中储存和保管。若储存期过长，则必须在密闭容器内存放。运输中应采取防雨措施，并应防止石灰受潮或遇水后水化，甚至由于熟化热量集中放出而发生火灾。磨细生石灰粉在干燥条件下储存期一般不超过1个月，最好是随生产随使用。

单元二　石　膏

一、石膏的基本知识

石膏是以硫酸钙（$CaSO_4$）为主要成分的传统气硬性胶凝材料。在建筑工程中，石膏的应用也有较长的历史。由于其具有轻质、隔热、吸声、耐火、色白且质地细腻等一系列优良性能，加之我国石膏资源极其丰富，储量大，分布广。因此，石膏及其制品，尤其是各种石膏板材，已经在建筑工程中得到广泛应用，并且发展迅速。

微课：石膏的
基本知识

石膏主要应用于制作各种石膏板材、石膏砌块及石膏装饰品。另外，石膏也是生产水泥、水泥制品及硅酸盐制品的掺加材料。

1. 石膏的制备

（1）石膏制备的原材料。生产石膏胶凝材料的主要原材料有天然二水石膏［又称为生石膏、软石膏（图2-31）］、天然无水石膏（图2-32），也可采用化工石膏、脱硫石膏。

図 2-31　天然二水石膏

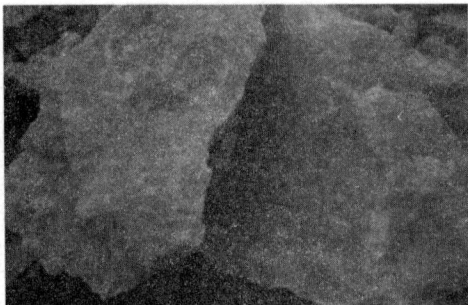

図 2-32　天然无水石膏

（2）石膏的生产。生产石膏胶凝材料的主要原材料有天然二水石膏（$CaSO_4 \cdot 2H_2O$）。石膏制备的工艺流程与石灰相似，主要包括破碎、磨粉、低温煅烧和脱水几个工艺环节。天然二水石膏在加热时随温度和压力条件不同，所得产物的结构和性能各有不同。

1）建筑石膏（β型半水石膏）。在常压下温度达到107～170 ℃时，天然二水石

膏脱水变成 β 型半水石膏（即建筑石膏，又称为熟石膏）。其化学反应式如下：

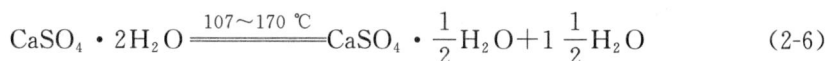

$$CaSO_4 \cdot 2H_2O \xrightarrow{107\sim170\ ℃} CaSO_4 \cdot \frac{1}{2}H_2O + 1\frac{1}{2}H_2O \qquad (2\text{-}6)$$

2）高强度石膏（α 型半水石膏）。天然二水石膏在 0.13 MPa 蒸汽压和 125 ℃ 条件下，制成品体短粗、需水量较小、强度较高的 α 型半水石膏，称为高强度石膏。其化学反应式如下：

$$CaSO_4 \cdot 2H_2O \xrightarrow{125\ ℃,\ 0.13\ MPa} CaSO_4 \cdot \frac{1}{2}H_2O + 1\frac{1}{2}H_2O \qquad (2\text{-}7)$$

当加热温度高于 400 ℃ 时，石膏完全失去水分，形成水溶性硬石膏，也称为死烧石膏，它难溶于水，加入硫酸盐、石灰、粒化高炉矿渣等激发剂，混合磨细后重新具有水化硬化能力，称为无水石膏水泥（或称为硬石膏水泥）；当温度高于 800 ℃ 时，部分石膏分解出 CaO，得到高温爆烧石膏，水化硬化后具有较高强度和抗水性。

石膏的品种虽然很多，但是在建筑上应用最多的是建筑石膏。

2. 建筑石膏的水化、凝结硬化

（1）建筑石膏的水化。建筑石膏的水化是指建筑石膏加水拌和后与水反应生成二水硫酸钙的过程。其化学反应式如下：

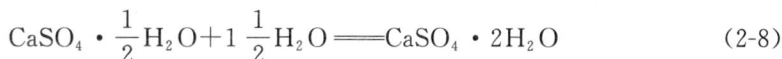

$$CaSO_4 \cdot \frac{1}{2}H_2O + 1\frac{1}{2}H_2O = CaSO_4 \cdot 2H_2O \qquad (2\text{-}8)$$

（2）建筑石膏的凝结硬化。建筑石膏与水拌和后最初形成流动的可塑性凝胶体，并很快形成饱和溶液，溶液中的半水石膏与水反应生成二水石膏。随着浆体中水分因水化和蒸发而不断减少，浆体变稠失去流动性，可塑性也下降，表现为石膏的"凝结"。随着水化和水分的继续蒸发，胶体颗粒逐渐凝聚成晶体并不断长大、共生和相互交错，从而产生强度，即建筑石膏的硬化，如图 2-33 所示。

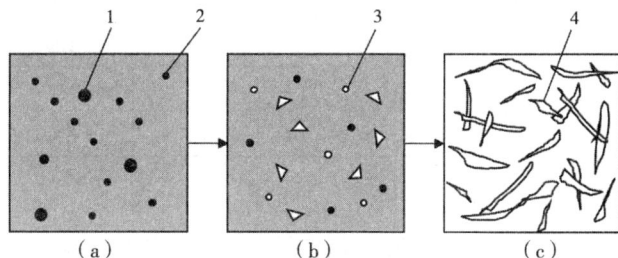

图 2-33 建筑石膏的凝结硬化示意

（a）胶化；（b）结晶开始；（c）结晶长大与交错

1—半水石膏；2—二水石膏胶体微粒；3—二水石膏晶体；4—交错的晶体

建筑石膏的凝结硬化具有以下特点：

1）硬化速度快。水化过程一般为 7～12 min，凝结硬化过程需要 20～30 min。在室内自然干燥条件下，7 d 左右完全硬化。所以，根据施工需要，往往加入适量的缓凝剂。

2）体积微膨胀。石灰等胶凝材料硬化时往往产生收缩，而建筑石膏产生约为1%的体积膨胀，这使石膏制品表面光滑饱满，棱角清晰，干燥时不开裂，可用于修补。

3）硬化后孔隙率大，体积密度小，强度低。在使用过程中，建筑石膏为获得良好的可塑性，通常加水量可达60%～80%。在石膏凝结过程中，多余水分蒸发，在内部形成大量孔隙，孔隙率可达50%～60%。建筑石膏属于轻质材料，具有强度低、体积密度小、吸湿性能较好的优点。

4）加工性能好。石膏制品可锯、可刨、可钉、可打眼。

5）隔热、吸声性、防火性能良好。石膏硬化后孔隙率高，导热系数小，具有良好的绝热能力和较强的吸声性能。建筑石膏制品在遇火灾时，主要成分二水石膏中的结晶水蒸发并吸收热量，并在表面形成蒸汽幕和脱水物隔热层，能有效阻止火势蔓延。

二、石膏的技术要求及应用

1. 建筑石膏的技术要求

根据《建筑石膏》（GB/T 9776—2022）规定，建筑石膏按2 h湿抗折强度可分为4.0、3.0、2.0三个等级。建筑石膏的各项技术指标应符合表2-7的规定。

表2-7　建筑石膏的物理力学性能

等级	凝结时间/min		强度/MPa			
			2 h湿强度		干强度	
	初凝	终凝	抗折	抗压	抗折	抗压
4.0			≥4.0	≥8.0	≥7.0	≥15.0
3.0	≥3	≤30	≥3.0	≥6.0	≥5.0	≥12.0
2.6			≥2.0	≥4.0	≥4.0	≥8.0

2. 建筑石膏的特性

（1）孔隙率大、强度较低。为使石膏具有必要的可塑性，通常加水量比理论需水量多得多（加水量为石膏用量的60%～80%，而理论需水量只为石膏用量的18.6%），硬化后由于多余水分的蒸发，内部的孔隙率很大，因而强度较低。石膏制品质量较轻，其体积密度一般为800～1 000 kg/m³，属于轻质材料。

（2）硬化后体积微膨胀。石膏在凝结过程中体积产生微膨胀，其膨胀率为1%。其特性使石膏制品在硬化过程中不会产生裂缝，棱角清晰造型饱满，适宜浇铸模型，制作建筑艺术配件及建筑装饰件等。

（3）防火性好、耐火性差。由于硬化的石膏中结晶水含量较多，遇火时，这些结晶水吸收热量蒸发，形成蒸汽幕，阻止火势蔓延，同时，表面生成不燃的无水硫酸钙为良好的绝缘体，起到防火作用。其极限抗火时间可达 5～20 min。但二水石膏脱水后强度下降，故耐火性差。

（4）良好的装饰性和可加工性。石膏表面光滑饱满，颜色洁白，质地细腻，具有良好的装饰性。微孔结构使其脆性有所改善，硬度也较低，所以，硬化石膏可锯、可刨、可钉，具有良好的可加工性。

3. 建筑石膏的应用与储存

（1）室内抹灰及粉刷。建筑石膏加入水和砂子可以配制成石膏砂浆，用于内墙面抹平。石膏砂浆不仅能够调节室内空气湿度，还具有良好的隔声防火性能。在建筑石膏中加入水和适量外加剂，调制成涂料，可粉刷内墙面。

（2）石膏板。石膏板是以建筑石膏为主要原料的一种板材。其主要作为装饰吊顶、隔板和隔声防火材料等使用，包括石膏装饰板、空心石膏板（图 2-34）等。

（3）建筑石膏制品。在建筑石膏中加入少量纤维增强材料，也可加入颜料，制成不同形状、色彩丰富的建筑装饰制品。其主要有装饰板、装饰吸声板、装饰线（图 2-35）等。

图 2-34　空心石膏板

图 2-35　石膏装饰线

建筑石膏一般采用袋装或散装供应。袋装时，应用防潮包装袋包装。建筑石膏在运输和储存时，应注意防雨、防潮，不得混入杂物。建筑石膏自生产之日起，在正常运输与储存条件下，储存期为三个月。

单元三　水　泥

一、通用硅酸盐水泥的一般规定

1. 水泥的定义与分类

依据《水泥的命名原则和术语》（GB/T 4131—2014）规定，

微课：通用硅酸盐水泥的一般规定

水泥是一种细磨材料，与水混合形成塑性浆体后，能在空气中水化硬化，并能在水中继续硬化保持强度和体积稳定性的无机水硬性胶凝材料。

水泥有很多种分类方法，通常按照水硬性矿物的组成、用途及性能进行分类。

（1）按水硬性矿物名称分类，可分为硅酸盐水泥、铝酸盐水泥、硫铝酸盐水泥、铁铝酸盐水泥、氟铝酸盐水泥，如图 2-36 所示。其中，硅酸盐水泥是目前用量较大的水泥。

图 2-36　几种常见水泥

（2）按用途及性能分类，可分为通用水泥与特种水泥。

1）通用水泥是一般土木建筑工程通常采用的水泥。以水泥的硅酸盐矿物名称命名，并可冠以混合材料名称或其他适当名称命名，如硅酸盐水泥、普通硅酸盐水泥、矿渣硅酸盐水泥。

2）特种水泥是具有特殊性能或用途的水泥。以水泥的主要矿物名称、特性或用途命名，并可冠以不同型号或混合材料名称，如铝酸盐水泥、硫铝酸盐水泥、快硬硅酸盐水泥、低热矿渣硅酸盐水泥、G 级油井水泥等。

2. 通用硅酸盐水泥的定义与分类

依据《通用硅酸盐水泥》（GB 175—2023）规定，通用硅酸盐水泥是以硅酸盐水泥熟料和适量的石膏及规定的混合材料制成的水硬性胶凝材料。

通用硅酸盐水泥按混合材料的品种和掺量分为以下六类：硅酸盐水泥的代号和组分要求应符合表 2-8 的规定。硅酸盐水泥主要由熟料、石膏、粒化高炉矿渣和石灰石组成。

表 2-8　硅酸盐水泥的组分要求

品种	代号	组分（质量分数）/%		
		熟料＋石膏	混合材料	
			粒化高炉矿渣/矿渣粉	石灰石
硅酸盐水泥	P·Ⅰ	100	—	—
	P·Ⅱ	95～100	0～＜5	—
			—	0～＜5

普通硅酸盐水泥、矿渣硅酸盐水泥、粉煤灰硅酸盐水泥和火山灰质硅酸盐水泥的代号和组分要求应符合表2-9的规定。这四类水泥的组分要比硅酸盐水泥复杂一些。

表2-9　普通硅酸盐水泥、矿渣硅酸盐水泥、粉煤灰硅酸盐水泥和火山灰质硅酸盐水泥的组分要求

品种	代号	组分（质量分数）/%				
		熟料＋石膏	主要混合材料			替代混合材料
			粒化高炉矿渣/矿渣粉	石灰石	火山灰质混合材料	
普通硅酸盐水泥	P·O	80～＜94	6～20			0～＜5
矿渣硅酸盐水泥	P·S·A	50～＜79	21～＜50	—	—	0～＜8
	P·S·B	30～＜49	51～＜70	—	—	
粉煤灰硅酸盐水泥	P·F	60～＜79	—	21～＜40		0～＜5
火山灰质硅酸盐水泥	P·P	60～＜79	—	—	21～＜40	

复合硅酸盐水泥的代号和组分要求应符合表2-10的规定。

表2-10　复合硅酸盐水泥的代号和组分要求

品种	代号	组分（质量分数）/%					
		熟料＋石膏	主要混合材料				
			粒化高炉矿渣/矿渣粉	粉煤灰	火山灰质混合材料	石灰石	砂岩
复合硅酸盐水泥	P·C	50～＜79	21～＜50				

由于这六类的组分不相同，因此各自的强度等级也略有区别，见表2-11。

表2-11　通用硅酸盐水泥分类、代号及强度等级

水泥名称	代号	强度等级
硅酸盐水泥	P·Ⅰ、P·Ⅱ	42.5、42.5R、52.5、52.5R、62.5、62.5R
普通硅酸盐水泥	P·O	
矿渣硅酸盐水泥	P·S·A、P·S·B	32.5、32.5R、42.5、42.5R、52.5、52.5R
粉煤灰硅酸盐水泥	P·F	
火山灰质硅酸盐水泥	P·P	
复合硅酸盐水泥	P·C	42.5、42.5R、52.5、52.5R
注：强度等级中的数字代表28 d的抗压强度，单位为兆帕（MPa），R表示早强型		

3. 通用硅酸盐水泥组成材料

依据《通用硅酸盐水泥》（GB 175—2023）规定，通用硅酸盐水泥组成材料主要

有硅酸盐水泥熟料、石膏、粒化高炉矿渣或粒化高炉矿渣粉、粉煤灰、火山灰质混合材料、石灰石、砂岩、窑灰和水泥助磨剂。

（1）硅酸盐水泥熟料。硅酸盐水泥熟料由主要含有氧化钙、二氧化硅、氧化铝、氧化铁等原料，按适当比例磨成细粉烧至部分熔融所得以硅酸钙为主要矿物成分的水硬性胶凝物质。其中硅酸钙矿物不小于66%，氧化钙和氧化硅质量比不小于2.0。

（2）石膏。通用硅酸盐水泥中的石膏包括天然石膏和工业副产石膏。天然石膏应符合《天然石膏》（GB/T 5483—2008）中规定的G类或M类两级（含）以上的石膏或混合石膏；工业副产石膏应符合《用于水泥中的工业副产石膏》（GB/T 21371—2019）的规定。

（3）粒化高炉矿渣或粒化高炉矿渣粉。在高炉冶炼生铁时，所得以硅酸盐与硅铝酸盐为主要成分的熔融物，经淬冷成粒后即为粒化高炉矿渣。粒化高炉矿渣的质量系数、二氧化钛质量分数、氧化亚锰质量分数、氟化物质量分数、硫化物质量分数、玻璃体含量应符合《用于水泥中的粒化高炉矿渣》（GB/T 203—2008）或《用于水泥、砂浆和混凝土中的粒化高炉矿渣粉》（GB/T 18046—2017）的规定。

（4）粉煤灰。粉煤灰是从煤燃烧后的烟气中收捕下来的细灰，是燃煤电厂排出的主要固体废物。粉煤灰的主要氧化物组成为二氧化硅、氧化铝、氧化亚铁、氧化铁、氧化钙、二氧化钛等。粉煤灰的烧失量、含水量、三氧化硫质量分数、游离氧化钙质量分数、安定性、半水亚硫酸钙含量，以及二氧化硅、三氧化二铝和三氧化二铁的总质量分数应符合《用于水泥和混凝土中的粉煤灰》（GB/T 1596—2017）的规定。

（5）火山灰质混合材料。火山灰质混合材料成分中以无定形二氧化硅和氧化铝为主，加水后能和氢氧化钙在常温下反应，生成具有胶凝性的水硬性产物。火山灰质混合材料本身没有水硬性，但同石灰或石灰和石膏反应后就具有水硬性。火山灰质混合材料的种类、火山灰性试验、烧失量、三氧化硫含量应符合《用于水泥中的火山灰质混合材料》（GB/T 2847—2022）的规定。

（6）石灰石、砂岩。石灰石是以方解石为主要成分的碳酸盐岩，有时含有白云石、黏土矿物和碎屑矿物。砂岩是一种沉积岩，主要由各种砂粒胶结而成，颗粒直径为0.05～2 mm，其中砂粒含量要大于50%，结构稳定，通常呈淡褐色或红色，主要含硅、钙、黏土和氧化铁。

石灰石、砂岩的亚甲基蓝值不大于1.4 g/kg。亚甲基蓝值按《用于水泥、砂浆和混凝土中的石灰石粉》（GB/T 35164—2017）附录A的规定进行检验。

（7）窑灰。窑灰是回转窑在生产硅酸盐水泥熟料时，从窑尾废气中经收尘设备收集下来的干燥粉状材料。窑灰应符合《掺入水泥中的回转窑窑灰》（JC/T 742—2009）的规定。

（8）水泥助磨剂。水泥助磨剂是一种改善水泥粉磨效果和性能的化学添加剂。能大幅度降低粉磨过程中形成的静电吸附包球现象，并可以降低粉磨过程中形成的超细颗粒的再次聚结趋势。也能显著改善水泥流动性，提高磨机的研磨效果和选粉机的选粉效率，从而降低粉磨能耗。使用助磨剂生产的水泥具有较低的压实聚结趋势，从而有利于水泥的装卸，并可减少水泥库的挂壁现象。水泥粉磨时允许加入助磨剂，其加入量应不超过水泥质量的0.5%，助磨剂应符合《水泥助磨剂》（GB/T 26748—2011）的规定。

二、硅酸盐水泥的原料与生产

1. 硅酸盐水泥的原料

根据《水泥的命名原则和术语》（GB/T 4131—2014）规定，以硅酸盐水泥熟料和适量的石膏磨细制成的水硬性胶凝材料，其中允许掺加0~5%的混合材料。

不掺加混合材料的称为Ⅰ型硅酸盐水泥，代号P·Ⅰ；在硅酸盐水泥磨粉时掺加不超过5%石灰石或粒化高炉矿渣的称为Ⅱ型硅酸盐水泥，代号P·Ⅱ。

硅酸盐水泥的原料主要有石灰质原料、黏土质原料两大类。此外，再配以辅助的铁质校正原料和硅制校正原料，如图2-37所示。其中，石灰质原料主要提供氧化钙（CaO）；黏土质原料主要提供二氧化硅（SiO_2）、氧化铝（Al_2O_3），以及少量的氧化铁（Fe_2O_3）；铁质校正原料主要补充氧化铁；硅质校正原料主要补充二氧化硅。

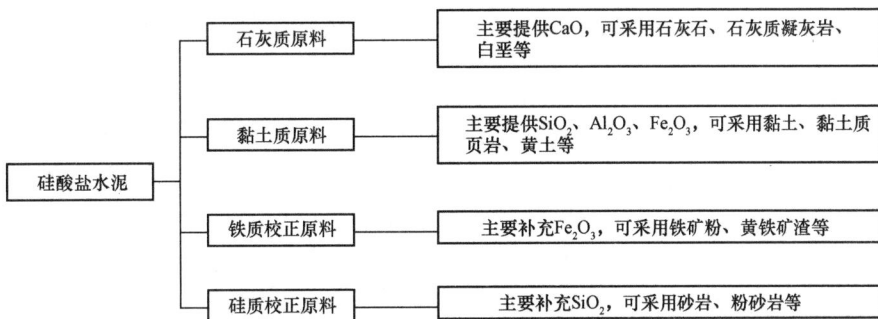

图2-37　硅酸盐水泥的原料组成

2. 硅酸盐水泥的生产

硅酸盐水泥的生产过程是将原料按一定比例混合磨细，先制得具有适当化学成分的生料，生料在水泥窑中煅烧至部分熔融，冷却后得水泥熟料，最后加适量石膏共同磨细至一定细度即得到水泥，如图2-38所示。水泥的生产过程可概括为"两磨一烧"。

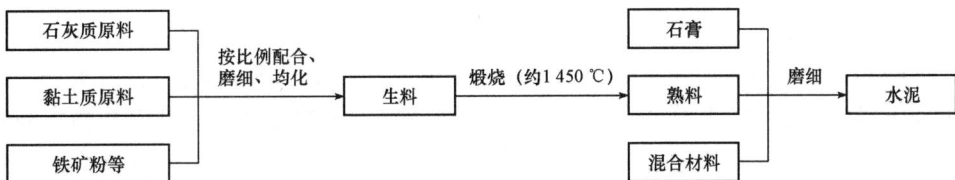

图2-38　硅酸盐水泥的生产过程

硅酸盐水泥的生产设备及工艺流程如图 2-39 所示。

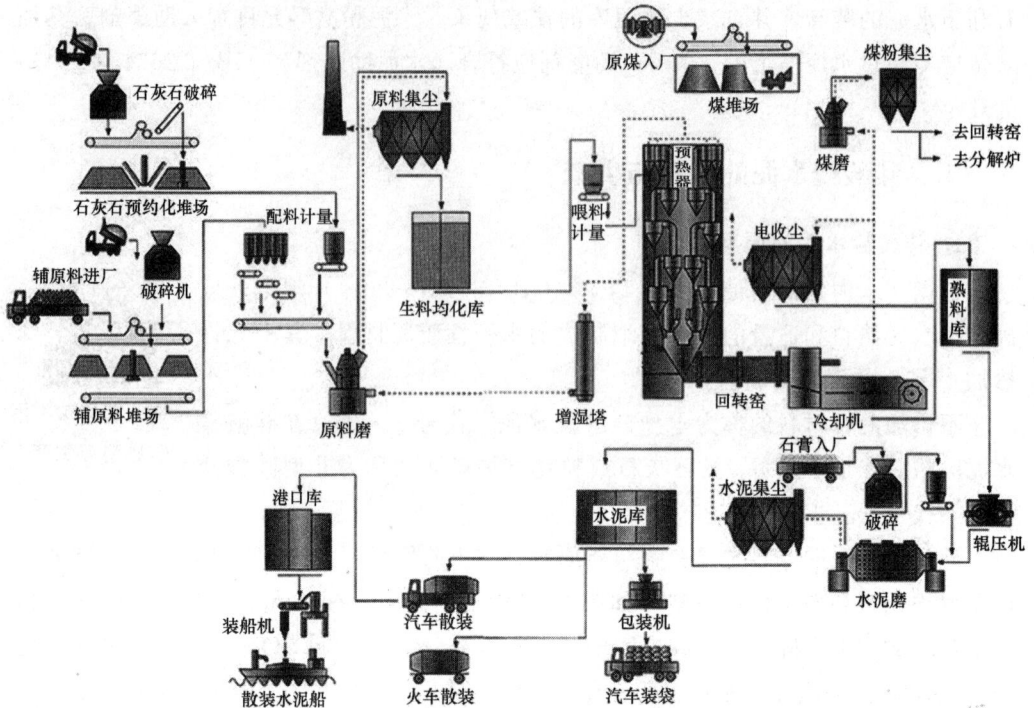

图 2-39　硅酸盐水泥的生产设备及工艺流程

硅酸盐水泥生产可分为湿法生产与干法生产两种。

（1）湿法生产是将原料加水粉磨成生料浆后，喂入湿法窑煅烧成熟料的方法。湿法生产具有操作简单，生料成分容易控制，产品质量好，料浆输送方便，车间扬尘少等优点；缺点是热耗高。

（2）干法生产是将原料同时烘干并粉磨，或先烘干经粉磨成生料粉后喂入干法窑内煅烧成熟料的方法。干法生产的主要优点是热耗低；缺点是生料成分不易均匀，车间扬尘大，电耗较高。

硅酸盐水泥生产设备可分为立窑与回转窑。回转窑根据不同的生产方法又可分为湿法回转窑、干法回转窑和半干法回转窑三类。硅酸盐水泥生产使用的立窑和回转窑与石灰生产使用的设备基本一致。

3. 硅酸盐水泥熟料的矿物组成及特性

根据《硅酸盐水泥熟料》（GB/T 21372—2024）的规定，硅酸盐水泥熟料是以适当成分的生料煅烧至部分熔融，所得以硅酸钙为主要矿物成分的产物。

硅酸盐水泥熟料的矿物成分形成过程比较复杂，生料开始加热时，自由水分逐渐蒸发而干燥，当温度上升到 500～800 ℃时，首先是有机物被烧尽，其次是黏土分解形成无定型的二氧化硅及氧化铝；当温度到达 800～1 000 ℃时，石灰石进行分解形成氧化钙，并开始与黏土中二氧化硅、氧化铝、氧化铁发生固相反应，随着温度的升高，固相反应加速，并逐渐生成硅酸二钙、硅酸三钙及铁铝酸四钙。当温度达到 1 300 ℃时，固相反应结束，这时在物料中仍剩余一部分氧化钙未与其他氧化物化合；当温度从 1 300 ℃升至 1 450 ℃再降到 1 300 ℃时，这是烧成阶段，这时的硅酸三钙及铁铝酸四钙烧至部分熔融状态，出现液相，把剩余的氧化钙及部分硅酸二钙溶解于其中，在此液相中，硅酸二钙吸收氧化钙形成硅酸三钙。

硅酸盐水泥熟料的矿物成分形成过程可概括为"一分一合"，如图 2-40 所示。

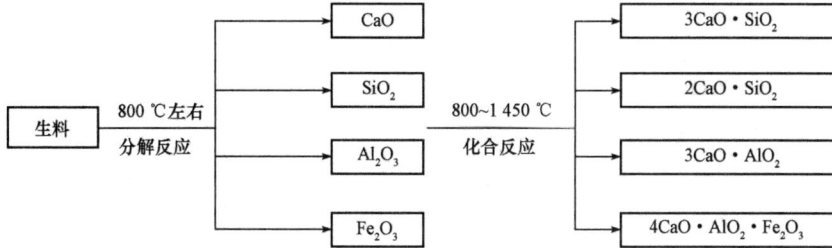

图 2-40　硅酸盐水泥熟料的矿物成分形成过程

硅酸盐水泥熟料矿物成分主要有硅酸三钙、硅酸二钙、铝酸三钙和铁铝酸四钙。其简写和含量见表 2-12。除上述主要熟料矿物成分外，水泥中还有少量的游离氧化钙、游离氧化镁，其结构致密，水化很慢，生成物会在硬化的水泥内部造成局部膨胀，引起水泥体积安定性不良；水泥中还含有少量的碱，碱含量高的水泥如果遇到活性骨料，易产生碱—集料膨胀反应，所以，水泥中游离氧化钙、游离氧化镁和碱的含量应加以限制。

表 2-12　硅酸盐水泥熟料矿物成分、简写及含量

矿物成分	简写	含量
硅酸三钙 $3CaO \cdot SiO_2$	C3S	37%～60%
硅酸二钙 $2CaO \cdot SiO_2$	C2S	15%～25%
铝酸三钙 $3CaO \cdot AlO_2$	C3A	4%～14%
铁铝酸四钙 $4CaO \cdot AlO_2 \cdot Fe_2O_3$	C4AF	10%～18%

各种熟料矿物单独与水作用时，表现出的特性是不同的，见表 2-13。

(1) 硅酸三钙（C3S）。硅酸三钙（C3S）的水化速度较快，早期强度高，28 d 强度可达一年强度的 70%～80%；水化热较大，且主要是早期放出，其含量也最高，是决定水泥性质的主要矿物。

(2) 硅酸二钙（C2S）。硅酸二钙（C2S）的水化速度最慢，水化热最小，且主要是后期放出，是保证水泥后期强度的主要矿物，且耐化学侵蚀性好。

(3) 铝酸三钙（C3A）。铝酸三钙（C3A）的凝结硬化速度最快（故需掺入适量石膏作缓凝剂），也是水化热最大的矿物；其强度值最低，但形成最快，3 d 几乎接近最终强度，但其耐化学侵蚀性最差，且硬化时体积收缩最大。

(4) 铁铝酸四钙（C4AF）。铁铝酸四钙（C4AF）的水化速度也较快，仅次于铝酸三钙，其水化热中等，且有利于提高水泥抗拉（折）强度。

表 2-13　各种熟料矿物的特性

矿物名称	密度 /(g·cm⁻³)	水化反应速率	水化放热量	强度	耐腐蚀性
$3CaO \cdot SiO_2$	3.25	快	大	高	差
$2CaO \cdot SiO_2$	3.28	慢	小	早期低后期高	好
$3CaO \cdot AlO_2$	3.04	最快	最大	低	最差
$4CaO \cdot AlO_2 \cdot Fe_2O_3$	3.77	快	中	低	中

水泥是几种熟料矿物的混合物，改变矿物成分间比例时，水泥性质即发生相应的变化，可制成不同性能的水泥。若增加硅酸三钙含量，可制成高强、早强水泥；若增加硅酸二钙含量而减少硅酸三钙含量，水泥的强度发展慢，早期强度低，但后期强度高，其更大的优势是水化热降低。若提高铁铝酸四钙的含量，可制得抗折强度较高的道路水泥。

三、硅酸盐水泥的技术要求与应用

1. 硅酸盐水泥的技术要求

《通用硅酸盐水泥》（GB 175—2023）对硅酸盐水泥物理、化学性能指标等均作了明确规定。

物理性能指标包括凝结时间、体积安定性、强度及强度等级、细度；化学性能指标包括烧失量、不溶物、碱含量等。

微课：硅酸盐水泥技术要求与应用

（1）物理性能指标。

1）凝结时间。凝结时间是指水泥从可塑状态发展到固体状态所用的时间。其可分为初凝时间和终凝时间。初凝时间是指水泥加水拌和至水泥标准稠度的净浆开始失去可塑性所需的时间；终凝时间是指水泥加水拌和开始至标准稠度的净浆完全失去可塑性所需的时间。

水泥初凝时间和终凝时间对于工程施工具有实际的意义。为使混凝土、砂浆有足够的时间进行搅拌、运输、浇筑、砌筑，顺利完成混凝土和砂浆的制备，并确保制备的质量，初凝时间不能过短，否则在施工中即已失去流动性和可塑性而无法使用；当浇筑完毕，为了使混凝土尽快凝结、硬化，产生强度，顺利地进入下一道工序，规定终凝时间不能太长，否则将减缓施工进度，降低模板周转率。

硅酸盐水泥的初凝时间不小于 45 min，终凝时间不大于 390 min。

2）体积安定性。水泥的体积安定性是指水泥浆体在凝结硬化过程中体积变化的均匀性。当水泥浆体硬化过程发生不均匀变化时，会导致膨胀开裂、翘曲，甚至崩塌等现象，造成严重的工程事故。

引起水泥体积安定性不良的主要原因如下：

①水泥中含有过多的游离氧化钙和游离氧化镁。这种游离的氧化钙、氧化镁是熟料在煅烧时没有被吸收形成的熟料矿物，这种过烧的氧化钙、氧化镁水化极慢，且生

成的 Ca（OH）$_2$ 和 Mg（OH）$_2$ 体积膨胀，使水泥石出现开裂。

②石膏掺量过多。当石膏掺量过多时，在水泥硬化后，残余石膏与固态水化铝酸钙反应生成矾石，体积增大约 1.5 倍，从而导致水泥石开裂。水泥体积安定性必须合格，否则按废品处理。

3）强度。水泥的强度是评价和选用水泥的重要技术指标，也是划分水泥强度等级的重要依据。国家规定采用胶砂法测定水泥 3 d 和 28 d 的抗压强度和抗折强度，根据测定结果确定水泥强度等级。通用硅酸盐水泥的抗压强度和抗折强度见表 2-14。

表 2-14　通用硅酸盐水泥不同龄期强度要求

强度等级	抗压强度/MPa		抗折强度/MPa	
	3d	28d	3d	28d
32.5	≥12.0	≥32.5	≥3.0	≥5.5
32.5R	≥17.0		≥4.0	
42.5	≥17.0	≥42.5	≥4.0	≥6.5
42.5R	≥22.0		≥4.5	
52.5	≥22.0	≥52.5	≥4.5	≥7.0
52.5R	≥27.0		≥5.0	
62.5	≥27.0	≥62.5	≥5.0	≥8.0
62.5R	≥32.0		≥5.5	

4）细度。细度是指水泥颗粒的粗细程度，属于选择性指标。硅酸盐水泥的细度以比表面积表示，应不小于 300 m^2/kg 且不大于 400 m^2/kg。

（2）化学性能指标。水泥的化学指标主要控制水泥中有害的化学成分，要求其不超过一定的限值，否则可能对水泥的性质和质量带来危害，具体数值见表 2-15。

表 2-15　水泥的化学指标

品种	代号	不溶物	烧失量	三氧化硫	氧化镁	氯离子
		（质量分数）/%				
硅酸盐水泥	P·Ⅰ	≤0.75	≤3.0	≤3.5	≤5.0	≤0.06
	P·Ⅱ	≤1.50	≤3.5			

其中，烧失量是指水泥在一定温度、一定时间内加热后烧失的数量。水泥煅烧不佳或受潮后均会导致烧失量增加。不溶物是指水泥在浓盐酸中溶解保留下来的不溶性残留物。不溶物多，水泥活性下降。碱含量属于选择性指标，水泥中的碱含量高时，如果配制混凝土的骨料具有碱活性，可能产生碱—集料反应，导致混凝土因不均匀膨胀而破坏。

2. 硅酸盐水泥的性质与应用

（1）快凝快硬高强。硅酸盐水泥凝结硬化快、早期强度高、强度等级高，因此可用于地上、地下和水中重要结构的高强及高性能混凝土工程中，也可用于有早强要求的混凝土工程中。

（2）抗冻性好。硅酸盐水泥不易发生泌水，硬化后密实度大，所以抗冻性好。其适用于冬期施工及严寒地区遭受反复冻融的工程。

（3）碱度高，抗碳化能力强。硅酸盐水泥硬化后的水泥石显示强碱性，埋于其中的钢筋在碱性环境中表面会生成一层保护膜，使钢筋不生锈。由于空气中的二氧化碳与水泥石中的氢氧化钙发生碳化反应，使水泥石由碱性变为中性，当中性化深度达到钢筋附近时，钢筋失去碱性保护而锈蚀，表面疏松膨胀，会造成钢筋混凝土构件报废。硅酸盐水泥碱性强，抗碳化能力强，所以，特别适用于重要的钢筋混凝土结构工程。

（4）耐磨性好。硅酸盐水泥强度高，耐磨性好，适用于道路、地面等对耐磨性要求高的工程。

（5）抗腐蚀性差。硅酸盐水泥水化产物中有较多的氢氧化钙和水化铝酸钙，耐软水及耐化学腐蚀能力差。不宜用于水利工程、海水作用和矿物水作用的工程。

（6）水化热大。硅酸盐水泥在水泥水化时，放热速度快且放热量大。其用于冬期施工可避免冻害，但高水化热对大体积混凝土工程不利。

（7）耐热性差。硅酸盐水泥中的一些重要成分在 250 ℃温度时会发生脱水或分解，使水泥石强度下降，当受热 700 ℃以上时，将遭受破坏。所以，硅酸盐水泥不宜用于耐热混凝土工程及高温环境。

四、其他硅酸盐水泥

1. 普通硅酸盐水泥

根据《水泥的命名原则和术语》（GB/T 4131—2014）规定，普通硅酸盐水泥是以硅酸盐水泥熟料和不超过水泥总质量 20% 的混合材料为主要组分，掺加适量石膏磨细制成的水硬性胶凝材料。

微课：其他硅酸盐水泥

普通硅酸盐水泥的技术要求主要包括凝结时间、安定性、强度及强度等级和细度。普通硅酸盐水泥初凝时间不小于 45 min，终凝时间不大于 600 min。安定性用沸煮法检验合格。普通硅酸盐水泥的强度等级可分为 42.5、42.5R、52.5、52.5R、62.5、62.5R 六个级别。细度以 45 μm 方孔筛筛余表示，应不低于 5%。当买方有特殊要求时，由买卖双方协商确定。

普通硅酸盐水泥和硅酸盐水泥的区别在于其混合材料的掺量，普通硅酸盐水泥为 5%～20%，硅酸盐水泥仅为 0～5%，由于混合材料的掺量变化不大，在性质上差别也不大，但普通硅酸盐水泥在早强、强度等级、水化热、抗冻性、抗碳化能力上略有降低，耐热性和耐腐蚀性略有提高。

2. 矿渣硅酸盐水泥、火山灰质硅酸盐水泥、粉煤灰硅酸盐水泥

依据《水泥的命名原则和术语》（GB/T 4131—2014）规定，矿渣硅酸盐水泥是以硅酸盐水泥熟料和粒化高炉矿渣为主要组分，掺加适量的石膏磨细制成的水硬性胶凝材料。火山灰质硅酸盐水泥是以硅酸盐水泥熟料和火山灰质混合材料为主要组分，掺加适量的石膏磨细制成的水硬性胶凝材料。粉煤灰硅酸盐水泥是以硅酸盐水泥熟料和粉煤灰为主要组分，掺加适量的石膏磨细制成的水硬性胶凝材料。

三种硅酸盐水泥的技术要求主要包括凝结时间、安定性、强度及强度等级和细度。初凝时间不小于 45 min，终凝时间不大于 600 min。安定性用沸煮法检验合格。三种硅酸盐水泥的强度等级可分为 32.5、32.5R、42.5、42.5R、52.5、52.5R 六个级别。其细度以 45 μm 方孔筛筛余表示，应不低于 5%。当买方有特殊要求时，由买卖双方协商确定。

矿渣硅酸盐水泥、火山灰质硅酸盐水泥及粉煤灰硅酸盐水泥都是在硅酸盐水泥熟料的基础上加入大量活性混合材料再加适量石膏磨细而制成的，所加活性混合材料在化学组成与化学活性上基本相同，因而存在有很多共性，但三种活性混合材料自身又有性质与特征的差异，又使这三种水泥有各自的特性。

（1）共同特性。

1）凝结硬化慢，早期强度低，后期强度高。由于三种水泥中熟料含量少，二次水化反应又比较慢，因此早期强度低，但后期由于二次水化反应的不断进行及熟料的继续水化，水化产物不断增多，使水泥强度发展较快，后期强度可赶上甚至超过同强度等级的普通硅酸盐水泥。

2）抗腐蚀能力强。由于水泥中熟料少，因而水化生成的氢氧化钙及水化铝酸三钙含量少，加之二次水化反应还要消耗一部分氢氧化钙，因此，水泥中造成腐蚀的因素大大削弱，使水泥抵抗软水、海水及硫酸盐腐蚀的能力增强，适用于水工、海港工程及受侵蚀性作用的工程。

3）水化热低。由于水泥中熟料少，即水化放热量高的 C3A、C3S 含量相对减小，且二次水化反应的速度慢、水化热较低，使水化放热量少且慢，因此适用于大体积混凝土工程。

4）湿热敏感性强，适宜高温养护。这三种水泥在低温下水化明显减慢，强度较低，采用高温养护可加速熟料的水化，并大大加快活性混合材料的水化速度，大幅度地提高早期强度，且不影响后期强度的发展。适用于蒸汽养护生产的预制构件。

5）抗碳化能力差。这三种水泥碱度较低，抗碳化的缓冲能力差，其中以矿渣硅酸盐水泥最为明显。不宜用于二氧化碳浓度高的环境。

6）抗冻性差、耐磨性差。由于加入较多的混合材料，使水泥的需水量增加，水分蒸发后易形成毛细管通路或粗大孔隙，水泥石的孔隙率较大，导致抗冻性差和耐磨性差。不适用严寒地区。

（2）各自特性。

1）矿渣硅酸盐水泥中矿渣含量较大，硬化后氢氧化钙含量少，且矿渣本身又是高温形成的耐火材料，故矿渣硅酸盐水泥的耐热性好，适用于高温车间、高炉基础及热气体通道等耐热工程。但由于粒化高炉矿渣难于磨得很细，加上矿渣玻璃体亲水性差，在拌制混凝土时泌水性大，容易形成毛细管通道和粗大孔隙，在空气中硬化时易产生较大干缩，所以其保水性差、泌水性大、干缩性大。

2）火山灰混合材料含有大量的微细孔隙，使其具有良好的保水性，并且在水化过程中形成大量的水化硅酸钙凝胶，使火山灰质硅酸盐水泥的水泥石结构密实，从而具有较高的抗渗性。但其干缩大、干燥环境中表面易"起毛"，对于处在干热环境中施工的工程，不宜使用火山灰质硅酸盐水泥。

3）粉煤灰呈球形颗粒，比表面积小，吸附水的能力小，不易水化，因而这种水泥的干缩性小、抗裂性高，但致密的球形颗粒，保水性差、易泌水，且活性主要在后期发挥。因此，粉煤灰硅酸盐水泥早期强度、水化热比矿渣硅酸盐水泥和火山灰质硅酸盐水泥还要低，因此特别适用于大体积混凝土工程。

3. 复合硅酸盐水泥

根据《水泥的命名原则和术语》（GB/T 4131—2014）规定，复合硅酸盐水泥是以硅酸盐水泥熟料和两种或两种以上混合材料为主要组分，掺加适量的石膏磨细制成的水硬性胶凝材料。

复合硅酸盐水泥的技术要求主要包括凝结时间、安定性、强度及强度等级和细度。初凝时间不小于 45 min，终凝时间不大于 600 min。安定性用沸煮法检验合格。复合硅酸盐水泥的强度等级可分为 42.5、42.5R、52.5、52.5R 四个级别。其细度以 45 μm 方孔筛筛余表示，应不低于 5%。当买方有特殊要求时，由买卖双方协商确定。

复合硅酸盐水泥是掺有两种以上混合材料的水泥，其特性取决于所掺两种混合材料的种类、掺量。混合材料混掺可以弥补单一混合材料的不足，如矿渣与粉煤灰混掺可以减少矿渣的泌水现象，使水泥更密实。

五、水泥的验收与储运

1. 水泥的验收

由于水泥有效期短，质量易变化，因此对进入施工现场的水泥必须进行验收，以检测水泥是否合格，确定水泥是否能够用于工程中。水泥的验收包括包装与标志验收、数量验收和质量验收三个方面。

微课：水泥的
验收与储定

（1）包装与标志验收。根据供货单位的发货明细表或入库通知单及质量合格证，分别核对水泥包装上所注明的水泥品种、代号、净含量、强度等级，生产许可证标志（QS），出厂编号，执行标准号，包装年月日等，如图 2-41 所示。散装发运时应提交与袋装标志相同内容的卡片。

图 2-41 水泥袋装标志

《水泥包装袋》（GB/T 9774—2020）中附录 B 对水泥包装袋的正面、侧面、背面和上下底面印刷内容，给出了明确的规定，适用于各种规格的水泥包装袋，如图 2-42 所示。

B.2 正面印刷内容	B.3 侧面印刷内容
水泥包装袋正面宜印刷如下内容：	水泥包装袋一个侧面或两个侧面宜印刷如下内容：
a）水泥品牌、注册商标图形；	a）水泥产品名称；
b）水泥生产许可证标志（QS）及编号；	b）水泥强度等级。
c）水泥品种；	**B.4 背面印刷内容**
d）水泥代号和强度等级；	水泥包装袋背面宜印刷如下内容：
e）水泥产品执行标准；	a）水泥包装袋生产日期和适用温度；
f）水泥净含量；	b）制袋企业名称和地址。
g）水泥出厂编号；	注：背面印刷内容也可印于侧面适当位置。
h）水泥包装日期；	**B.5 上下底面印刷内容**
i）水泥储存条件：不得受潮和混入杂物；	供需双方协商确定，阀口处宜有指示性标志。
j）水泥生产企业名称和地址。	
注1：如有认证标志，可印于正面适当位置。	
注2：水泥生产许可证标志（QS）及编号、水泥出厂编号和水泥包装日期也可印于侧面或背面。	

图 2-42　《水泥包装袋》（GB/T 9774—2020）中附录 B 对水泥包装袋的规定

水泥包装袋应根据水泥的品种采用不同的颜色印刷水泥名称和强度等级。硅酸盐水泥和普通硅酸盐水泥采用红色，矿渣硅酸盐水泥采用绿色，火山灰质硅酸盐水泥、粉煤灰硅酸盐水泥和复合硅酸盐水泥采用黑色或蓝色。

（2）数量验收。水泥可以散装、袋装。袋装水泥每袋净含量为 50 kg，且应不少于标志质量的 99%。随机抽取 20 袋，总质量（含包装袋）不得小于 1 000 kg，其他包装形式由供需双方协商确定。散装水泥平均堆积密度为 1 450 kg/m³，袋装压实的水泥为 1 600 kg/m³。

（3）质量验收。检查出厂合格证和出厂检验报告。

1）水泥出厂应有水泥生产厂家的出厂合格证，内容包括厂别、品种、出厂日期、出厂编号等。

2）出厂检验报告内容应包括出厂检验项目、细度、混合材料品种和掺加量、石膏和助磨剂的品种及接加量、回旋窑或立窑生产及合同约定的其他技术要求。当用户需要时，生产者应在水泥发出之日起 7 d 内寄发除 28 d 强度外的各项检验结果，32 d 内补报 28 d 强度的检验结果。

2. 交货和验收

交货时，水泥的质量验收可抽取实物试样以其检验结果为依据，也可以生产者同编号水泥的检验报告为依据。采取何种方法验收由买卖双方商定，并在合同或协议中注明；卖方有告知买方验收方法的责任。

以抽取实物试样的检验结果为验收依据时，买卖双方应在发货前或交货地共同取样和签封。取样数量为 20 kg，分为二等份。一份由卖方保存 40 d，另一份由买方按规定的项目和方法进行检验。在 40 d 以内，买方检验认为产品质量不符合要求，而卖方又有异议时，则双方应将卖方保存的另一份试样送省级或省级以上国家认可的水泥质量监督检验机构进行仲裁检验。水泥安定性仲裁检验时，应在取样之日起 10 d 以内完成。

以生产者同编号水泥的检验报告为验收依据时，在发货前或交货时买方在同编号水泥中取样，双方共同签封后由卖方保存 90 d，或认可卖方自行取样、签封并保存 90 d 的同编号水泥的封存样。在 90 d 内，买方对水泥质量有疑问时，则买卖双方应将共同认可的试样送省级或省级以上国家认可的水泥质量监督检验机构进行仲裁检验。

3. 水泥复验

以下几种水泥，在使用前必须进行复验，并提供试验报告：

（1）用于承重结构的水泥。

（2）用于使用部位有强度等级要求的混凝土用水泥。

（3）出厂超过 3 个月的水泥。

（4）出厂超过 1 个月的快硬硅酸盐水泥。

（5）进口水泥。

4. 水泥的运输与储存

（1）水泥的运输。水泥出厂包装方式有散装和袋装两种方式。水泥的运输也可分为散装水泥运输和袋装水泥运输。

我国传统水泥物流主要以袋装运输为主，将水泥进行袋装，通过一般的厢式货车、栅栏式货车就可以进行水泥运输。虽然在 2010 年我国颁布禁令限制在施工工地使用袋装水泥，但国内大部分水泥厂仍然在用。

对于厂商来说，袋装运输的包装袋制作成本高，每年在袋子上的花费就超过 7 亿元。对于客户来说，在使用完水泥后，包装袋的处理是一个额外的成本，大部分会选择批量焚毁。无论是焚毁还是直接丢弃，都会对环境造成很大的污染，这就是我国为何禁令工地使用袋装水泥的原因。

散装水泥运输是指通过罐车、罐船、罐式集装箱对水泥直接进行运输，可利用空气压缩机对水泥进行装卸。近几年，我国大力推进散装运输的发展。水泥罐车的罐体设计虽然存在一定的漏洞，装载时无法有效利用全部空间，并且装载时间较长，但相对而言，水泥罐车可以有效减少袋装成本，并且可以实现过程人力成本较低化。

水泥运输应注意以下事项：水泥在运输过程中应加盖防雨篷，注意防水、防潮；不同强度等级的水泥应分开运输，水泥在运输过程中不能与其他杂物混同运输。水泥在运输和装卸过程中还应该做好防尘工作，通过覆盖防尘布、设置围挡等措施，减少水泥扬尘。根据工程的不同，运输道路通常环境复杂，须注意运输安全。袋装水泥在运输途中要防止货物丢失，散装水泥在到达工地卸装时要确保卸干净，质量误差不超过 3/1 000。

（2）水泥的储存。水泥在保管时，应按不同生产厂、不同品种、强度等级和出厂日期分开堆放，严禁混杂；在保管时要注意防潮和防止空气流动，先存先用，不可储存过久。若水泥保管不当会使水泥因风化而影响水泥正常使用。

水泥一般应入库存放。水泥仓库应保持干燥，库房地面应高出室外地面 30 cm，离开窗户和墙壁 30 cm 以上，袋装水泥堆垛不宜过高，以免下部水泥受压结块，一般为 10 袋，如存放时间短，库房紧张，也不宜超过 15 袋。

袋装水泥露天临时储存时，应选择地势高、排水条件好的场地，并认真做好上盖下垫，以防止水泥受潮。若使用散装水泥，可用铁皮水泥罐仓或散装水泥库存放。

对于受潮水泥，可以进行处理后再使用，受潮水泥的识别、处理和使用见表 2-16。

表 2-16　受潮水泥的处理和使用

受潮情况	处理方法	使用
有粉块，手捏成粉末	将粉块压碎	经试验根据实际强度使用
部分结成硬块	将硬块筛除，粉块压碎	经试验根据实际强度用于低等级混凝土或砂浆
大部分结成硬块	将硬块粉碎磨细	不能当水泥用，可充当掺量≤25％的混合材料用

六、专用水泥与特性水泥

1. 道路硅酸盐水泥

根据《道路硅酸盐水泥》（GB/T 13693—2017）规定，道路硅酸盐水泥是由道路硅酸盐水泥熟料、适量石膏和混合材料，磨细制成的水硬性胶凝材料，简称道路水泥，代号 P·R。

微课：专用水泥与特性水泥

根据《道路硅酸盐水泥》（GB/T 13693—2017）规定，初凝时间不小于 90 min，终凝时间不大于 720 min。安定性用沸煮法检验合格。按照 28 d 抗折强度分为 7.5 和 8.5 两个等级。细度以比表面积表示，为 300～450 m^2/kg。28 d 的干缩率不得大于 0.10％，耐磨性以磨损量表示，28 d 不大于 3.0 kg/m^2。

道路水泥是一种强度高，特别是抗折强度高、耐磨性好、干缩性小、抗冲击性好、抗冻性和抗硫酸盐腐蚀性比较好的专用水泥，适用于道路路面、机场跑道、城市广场地坪等工程，如图 2-43 所示。

（a）

（b）

图 2-43　道路硅酸盐水泥

（a）道路硅酸盐水泥包装袋；（b）道路硅酸盐水泥应用

2. 砌筑水泥

根据《砌筑水泥》（GB/T 3183—2017）规定，砌筑水泥是由硅酸盐水泥熟料加入规定的混合材料和适量石膏，磨细制成的保水性较好的水硬性胶凝材料，代号 M。

根据《砌筑水泥》（GB/T 3183—2017）规定，初凝时间不小于 60 min，终凝时间不大于 720 min。安定性用沸煮法检验合格。强度等级分为 12.5、22.5 和 32.5 三个等级。细度以筛余量表示，80 μm 方孔筛筛余不得大于 10%。流动性指标为流动度，保水率不得小于 80%。

砌筑水泥强度等级低，能满足砌筑砂浆强度要求。利用大量工业废渣作为混合料（大于 50%），可降低水泥成本。砌筑水泥适用于砖、石、砌块砌体的砌筑砂浆和内墙抹面砂浆、垫层混凝土等，不得用于结构混凝土，如图 2-44 所示。

图 2-44　砌筑水泥

（a）砌筑水泥包装袋；（b）砌筑水泥应用

3. 白色硅酸盐水泥

根据《白色硅酸盐水泥》（GB/T 2015—2017）规定，白色硅酸盐水泥是由白色硅酸盐水泥熟料，加入适量石膏和混合材料磨细制成的水硬性胶凝材料，如图 2-45 所示。彩色硅酸盐水泥可将白色硅酸盐水泥熟料、石膏和耐碱矿物颜料共同磨细，制成彩色硅酸盐水泥；或在白色硅酸盐水泥生料中加入少量金属氧化物作为着色剂，直接烧成彩色熟料，然后磨细制成彩色水泥，如图 2-46 所示。

根据《白色硅酸盐水泥》（GB/T 2015—2017）规定，初凝时间不小于 45 min，终凝时间不大于 60 min。安定性用沸煮法检验合格。强度等级分为 32.5、42.5 和 52.5 三个等级。细度以筛余量表示，45 μm 方孔筛筛余量不大于 30%。白色硅酸盐水泥按照白度分为 1 级和 2 级，代号分别为 P·W-1 和 P·W-2。1 级白度（P·W-1）不小于 89；2 级白度（P·W-2）不小于 87。

白色硅酸盐水泥和彩色硅酸盐水泥主要用于建筑装饰工程，如配制彩色砂浆用于装饰抹灰，制造各种色移的水刷石、人造大理石等制品。

图 2-45　白色硅酸盐水泥

图 2-46　彩色硅酸盐水泥

4. 明矾石膨胀水泥

根据《明矾石膨胀水泥》(JC/T 311—2004) 规定，明矾石膨胀水泥是以硅酸盐水泥熟料为主，铝质熟料、石膏和粒化高炉矿渣（或粉煤灰），按适当比例磨细制成的，具有膨胀性的水硬性胶凝材料，代号 A·EC。

根据《明矾石膨胀水泥》(JC/T 311—2004) 规定，初凝时间不早于 45 min，终凝时间不得迟于 6 h。安定性用沸煮法检验合格。强度等级分为 32.5、42.5 和 52.5 三个等级。细度以比表面积表示，比表面积不低于 400 m^2/kg。3 d 限制膨胀率应不小于 0.015%，28 d 限制膨胀率应不大于 0.10%。

明矾石膨胀水泥主要用于补偿收缩混凝土结构工程，防渗抗裂混凝土工程，补强和防渗抹面工程，大口径混凝土排水管及接缝、梁柱和管道接头，固接机器底座和地脚螺栓等。

专用水泥与特种水泥在用量上无法与通用硅酸盐水泥相比，往往被人们忽视，但在很多大型工程中，专用水泥与特种水泥却能起到无比重要的作用。特种水泥也被比作"皇冠上的明珠"。

模块小结

本模块主要讲解石灰、石膏与水泥等常用胶凝材料的分类、技术要求与应用。通过本模块的学习，学生应掌握气硬性胶凝材料的应用，掌握建筑硅酸盐水泥的技术要求与选用。

思考与练习

一、单选题

1. 为减小石灰硬化过程中的收缩，可以（　　　）。

A. 加大用水量　　　　　　　　　　B. 减少单位用水量

C. 加入麻刀、纸筋　　　　　　　　D. 加入水泥

2. 常用的水硬性胶凝材料是（　　）。

    A. 石灰　　　　　　B. 石膏　　　　　　C. 水泥　　　　　　D. 水玻璃

3. 石膏制品表面光滑细腻，主要原因是（　　）。

    A. 施工工艺好　　　　　　　　　B. 表面修补加工

    C. 掺纤维等高材　　　　　　　　D. 硬化后体积略膨胀性

4. 水泥的终凝时间是指（　　）。

    A. 从水泥加水拌和起至水泥浆开始产生强度所需的时间

    B. 从水泥加水拌和起至水泥浆开始产生碱—集料反应所需的时间

    C. 从水泥加水拌和起至水泥浆开始失去可塑性所需的时间

    D. 从水泥加水拌和起至水泥浆完全失去可塑性并开始产生强度所需的时间

二、多选题

水泥的应用应符合的规定有（　　）。

A. 宜采用新型干法窑生产的水泥

B. 应注明水泥中的混合材品种和掺量

C. 用于生产混凝土的水泥温度不宜高于 60 ℃

D. 袋装水泥规格为每包 40 kg

三、判断题

1. 水泥只能在空气中硬化，不能在水中硬化。　　　　　　　　　　　　（　　）

2. 在水泥中，石膏加入的量越少越好。　　　　　　　　　　　　　　　（　　）

3. 石灰配制的灰土和三合土能作道路路基的垫层材料，也可作建筑物的基础。

                                              （　　）

4. 石灰熟化时，要在储灰坑中"陈伏"一段时间，主要目的是消除欠火石灰的危害。　　　　　　　　　　　　　　　　　　　　　　　　　　　　　　　（　　）

5. 水泥按用途性能分为通用水泥、专用水泥及特性水泥三类。　　　　　（　　）

四、讨论题

1. 某住宅工程工期较短，现有强度等级同为 42.5 的硅酸盐水泥和矿渣水泥可选用。从有利于完成工期的角度来看，选用哪种水泥更为有利。

2. 石膏作墙抹灰时有什么优点？

3. 使用石灰膏时，为何要陈伏后才能使用？

建筑砂浆进场检验

单元一　砌筑砂浆

一、砌筑砂浆的组成材料

1. 建筑砂浆

（1）建筑砂浆的概念。建筑砂浆是以胶凝材料、细骨料、掺合料（可以是矿物掺合料、石灰膏、电石膏、黏土膏等一种或多种）和水等为主要原材料进行拌和，硬化后具有强度的工程材料，如图 3-1 所示。

微课：砌筑砂浆
的基本知识

图 3-1　建筑砂浆的组成

（a）细骨料；（b）胶凝材料；（c）水

建筑砂浆起着黏结、传递荷载及协调变形的作用，是砌体的重要组成部分。

（2）建筑砂浆的分类。

1）按胶凝材料分类。按胶凝材料，建筑砂浆可分为水泥砂浆、石灰砂浆、混合砂浆、石膏砂浆。

2）按生产方式分类。按生产方式，建筑砂浆可分为预拌砂浆和现场搅拌砂浆。

3）按功能和用途分类。按功能和用途，建筑砂浆可分为砌筑砂浆、抹面砂浆、装饰砂浆和特种砂浆等，如图 3-2 所示。

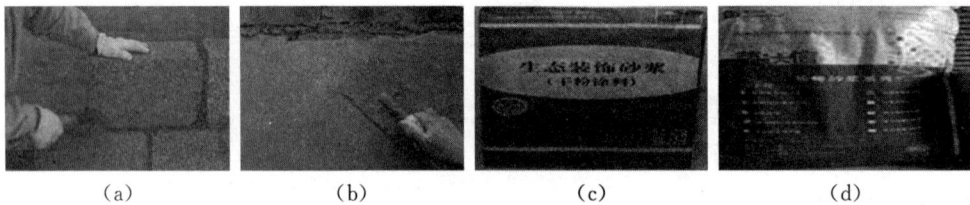

图 3-2　建筑砂浆功能和用途

（a）砌筑砂浆；（b）抹面砂浆；（c）装饰砂浆；（d）特种砂浆

2. 砌筑砂浆的组成和分类

砌筑砂浆是将砖、石、砌块等黏结成为砌体的砂浆。砌筑砂浆一般可分为现场配制砂浆（图 3-3）和预拌砌筑砂浆（图 3-4）两种。现场配制砂浆是由水泥、细骨料和水，以及根据需要加入的石灰、活性掺合料或外加剂在现场配制成的砂浆，又可分为水泥砂浆和水泥混合砂浆。其中，水泥混合砂浆主要由水泥、细骨料、掺合料（如石灰膏和水）组成。

图 3-3　现场配制砂浆

图 3-4　预拌砌筑砂浆

（1）水泥。水泥是砌筑砂浆的主要胶凝材料。用于砌筑砂浆的水泥品种和强度等级需要根据砂浆的使用部位和强度等级确定。M15 及 M15 以下强度等级的砂浆宜选用 32.5 级的通用硅酸盐水泥，M15 以上强度等级的砂浆宜选用 42.5 级的通用硅酸盐水泥。

（2）细骨料。砌筑砂浆中的细骨料应选用中砂，且应符合《普通混凝土用砂、石质量及检验方法标准》（JGJ 52—2006）的规定，并应全部通过 4.75 mm 方孔筛。毛石砌体宜选用粗砂，如图 3-5 所示。

（3）水。拌合砂浆用水与混凝土拌合用水的要求相同，应选用无有害杂质的洁净水拌制砂浆，应符合《混凝土用水标准》（JGJ 63—2006）的规定。未经试验检测的非洁净水、生活污水、工业废水等均不准用于配制和养护砂浆，如图 3-6 所示。

图 3-5　细骨料

图 3-6　水

（4）掺合料。砂浆的掺合料通常包括生石灰、石灰膏、粉煤灰、电石膏等。掺合料在砂浆中可以起到提高强度与改善和易性的双重作用。掺合料的质量要求与掺入水泥混凝土中的掺合料相同。

（5）外加剂。为了改善和提高砂浆的性能，通常掺入一定的外加剂。

1）塑化剂：提高砂浆的和易性，并节约石灰膏。

2）缓凝剂：减缓砂浆凝结硬化速度。

3）速凝剂：使砂浆迅速凝结硬化。

4）引气剂：提高砂浆的抗渗、抗冻及耐久性。

5）减水剂：降低砂浆用水量，提高砂浆的流动性。

二、砌筑砂浆的和易性

新拌砂浆应具有良好的和易性。和易性是指新拌砂浆应容易在砖、石及砌体表面上铺成均匀的薄层，以利于砌筑施工和砌筑材料的黏结。砂浆的和易性包括流动性和保水性。

微课：砌筑砂浆的和易性

1. 砌筑砂浆的流动性

砌筑砂浆的流动性也称为稠度，是指砂浆在自重力或外力作用下是否易于流动的性能，用沉入度表示。

砌筑砂浆的流动性主要采用砂浆稠度仪来测得，如图 3-7 所示，砂浆稠度仪底部有一个圆锥，圆锥体可以在砂浆中自由沉入。圆锥体自由沉入 10 s 之后，它的沉入深度称为沉入度（mm），砂浆稠度仪以 10 s 沉入的深度来作为砂浆的稠度值。圆锥体沉入的深浅主要取决于砂浆的稠度，如果砂浆越稠，沉入度就会越小，说明砂浆的流动性越差；如果砂浆越稀，沉入度就越大，说明砂浆的流动性越好，如图 3-8 所示。

图 3-7　砂浆稠度仪

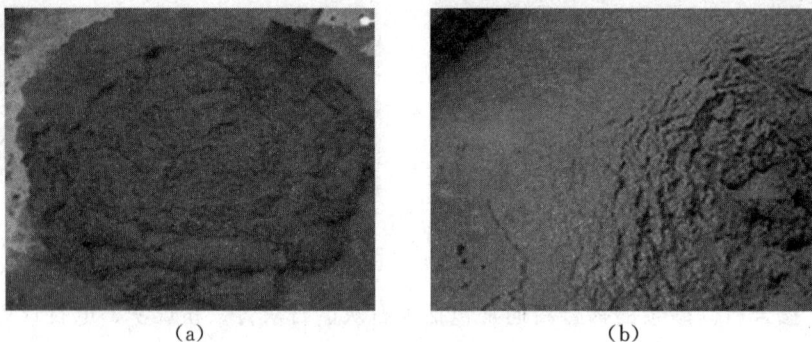

|（a）|（b）|

图 3-8　砂浆稠度

（a）稠度小；（b）稠度大

影响砂浆稠度的因素有所用胶凝材料种类及数量、用水量、掺合料的种类与数量、砂的形状、粗细与级配、外加剂的种类与掺量、搅拌时间。

在砌砖过程中，如果砂浆稠度小，流动性小，在挤压砖块时，砂浆很难流动，平铺到整个砖面。如果砂浆稠度大，流动性大，砂浆则会流出砖面，因此，如果砂浆用于多孔吸水的砌体材料或干热的天气时，因为材料吸水，又是干燥条件，则要求砂浆的流动性大一些，相反，用于密实不吸水的材料或湿冷的天气时，则选择流动性小一些的砂浆，如图 3-9、图 3-10 所示。

图 3-9　多孔吸水的砌体材料

图 3-10　密实不吸水的砌体材料

2. 砌筑砂浆的保水性

保水性是指新拌砂浆能够保持其内部水分不泌出流失的能力，也就是说水能够很好地保存在砂浆中不容易流失，砂浆的保水性用分层度来表示，图 3-11（a）显示的是一个分层度测定仪，砂浆的分层度就是通过它进行测定的，如图 3-11 所示。

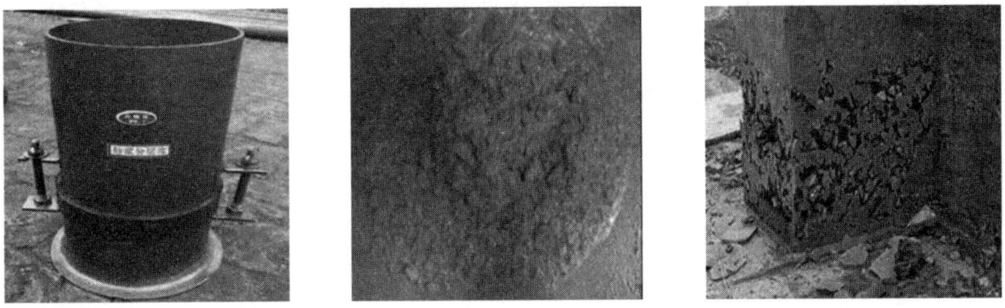

图 3-11　砌筑砂浆的保水性

（a）分层度测定仪；（b）水分流失；（c）泌水

通过图 3-12 可以看到，分层度测定仪分为上、下两个部分。上、下两个部分中间是连接起来，在做试验的时候，将砂浆放入分层度测定仪中，静置一段时间后，把上部的砂浆和下部的砂浆分开，分开之后分别测试它的沉入度，即分别测定上部和下部砂浆的流动性。

图 3-12　分层度测定流程

如果砂浆的保水性很好，说明水能够很好地保持在砂浆中，砂浆的上部和下部，分布都应该很均匀，砂浆的上部和下部的流动性不会有明显区别，但是，如果砂浆的保水性不好，由于其他材料的比重都比水大，所以水就会向上升，其他材料会向下沉，下部的砂浆流动性会比较差，上部的砂浆流动性会比较好，上部和下部砂浆沉入度之间的差异就是分层度。

一般来说，分层度不超过 30 mm，则认为砂浆的保水性良好，如果超过了这个范畴，就意味着它的保水性不太好，砂浆已经开始分层，因此分层度越小，说明砂浆的保水性越好。

为改善砂浆的保水性，通常可以保持一定数量的胶凝材料和掺合料，采用较细砂并加大掺量、掺入引气剂。

三、砌筑砂浆的强度及其他技术性质

1. 砂浆的强度和强度等级

砌筑砂浆的抗压强度高是指其能够承受较大的压力和质量，在建筑中起到承重的作用。这是因为砌筑砂浆中的水分可以与水泥等材料形成一种硬化物，具有较高的抗压性能。在建筑工程中，砌筑砂浆可以有效地分散建筑材料的荷载，形成一个承重的结构体系。

砂浆强度等级是以边长为 70.7 mm 的立方体试块，在标准养护条件［温度（20±2）℃、相对湿度为 90% 以上］下，用标准试验方法测得 28 d 龄期的抗压强度值（单位为 MPa）确定。立方体试件以 3 个为一组进行评定，以三个试件测值的算术平均值作为该组试件的砂浆立方体试件抗压强度平均值（精确至 0.1 MPa），如图 3-13 所示。

图 3-13　标准试块

水泥砂浆强度等级可分为 M5、M7.5、M10、M15、M20、M25、M30 七个强度等级。水泥混合砂浆可分为 M5、M7.5、M10、M15 四个强度等级。

砂浆的强度会受到组成材料、基面材料的吸水性影响。基层吸水还是不吸水，对于砂浆强度的影响需要来研究。

（1）不吸水材料（石材）。砂浆强度主要取决于水泥强度和水胶比；水泥的强度越高，砂浆的强度就越高，如图 3-14 所示。

（2）吸水材料（烧结砖）。吸水基层会吸收水分，砂浆的水分会被基层吸收，因此，砂浆的强度主要取决于水泥强度和水泥用量，如图 3-15 所示。

图 3-14　不吸水材料

图 3-15　吸水材料

2. 其他技术性能

（1）砌筑砂浆的粘结力。砌筑砂浆的粘结力是影响砌体结构抗剪强度、抗震强度、抗裂性能等的重要因素。通常情况下，砌筑砂浆的粘结力随着抗压强度的增加而提高，但是也与砌体材料表面的粗糙程度、清洁程度、润湿情况及养护情况等因素有关，粗糙的、润湿的、清洁的砌体表面与砂浆的粘结力更高，养护良好的砌筑砂浆与砌体材料的黏结性更好。

为了提高砌体的整体性，保证砌体的强度，要求砂浆要与基体材料有足够的粘结力。

（2）变形性能。砂浆在硬化过程中，承受荷载或温度条件变化时，容易变形，变形过大会降低砌体的整体性，引起沉降和裂缝，在拌制砂浆时，如果砂过细，胶凝材料过多，用轻骨料拌制砂浆，会引起砂浆的较大收缩变形而开裂，有时为了减少收缩，可以在砂浆中加入适量的膨胀剂。

（3）耐久性。砌筑砂浆的耐久性是指其可以长期保存，并且不容易受到外界环境的影响和损坏。这是因为砌筑砂浆中的水泥等材料具有防水、防腐等性能，可以有效地阻止水分、空气和静电等对砌筑砂浆的侵蚀与腐蚀。因此，在建筑工程中，砌筑砂浆通常能够长时间地保持其原始性能，保证建筑结构的稳定性和耐久性。

砂浆应具有良好的耐久性，为此砂浆应与基底材料有良好的粘结力，较小的收缩变形，有抗冻性要求的砌体工程，砌筑砂浆还应进行冻融试验。

四、砌筑砂浆配合比设计

1. 砌筑砂浆配合比设计

砌筑砂浆的组成是水泥、砂、水、掺合料和外加剂。砂浆的配合比设计就是确定这些组成成分的用量和比例，如图 3-16 所示。

砂浆的配合比设计既要满足强度等级的要求，又要满足砂浆和易性的要求，同时，还需要经济合理。

微课：砌筑砂浆
配合比设计

(a)　　　　　　　(b)　　　　　　　(c)

(d)　　　　　　　(e)

图 3-16　砌筑砂浆的组成
(a) 水泥；(b) 砂；(c) 水；(d) 掺合料；(e) 外加剂

砂浆的配合比设计经计算、试配、调整，从而确定施工用的配合比，在规范中对于砌筑砂浆的配合比设计计算有相应的规定，主要包含以下五个步骤：第一是计算砂浆试配强度 $f_{m,0}$；第二是计算每立方米砂浆中水泥的用量 Q_c；第三是计算每立方米砂浆中石灰膏的用量 Q_D；第四是确定每立方米砂浆用砂量 Q_S；第五是按照砂浆稠度选取每立方米砂浆的用水量 Q_W。

（1）计算砂浆试配强度。其计算公式如下：

$$f_{m,0} = k f_2 \tag{3-1}$$

式中　$f_{m,0}$——砂浆的试配强度，精确到 0.1 MPa；

　　　f_2——砂浆强度等级，应精确至 0.1 MPa

　　　k——砂浆生产（拌制）质量水平系数，取 1.15，见表 3-1。

表 3-1　砂浆强度标准差 σ 及 k 值

施工水平	强度标准差 σ/MPa							k
	M5	M7.5	M10	M15	M20	M25	M30	
优良	1.00	1.50	2.00	3.00	4.00	5.00	6.00	1.15
一般	1.25	1.88	2.50	3.75	5.00	6.25	7.50	1.20
较差	1.50	2.25	3.00	4.50	6.00	7.50	9.00	1.25

（2）计算每立方米砂浆中水泥的用量。计算每立方米砂浆中的水泥用量，应按下式计算：

$$Q_c = \frac{1\,000\,(f_{m,0} - \beta)}{\alpha \cdot f_{ce}} \tag{3-2}$$

式中　Q_c——每立方米砂浆的水泥用量（kg），应精确至 1 kg；

　　　f_{ce}——水泥的实测强度（MPa），应精确至 0.1 MPa；

　　　α，β——砂浆的特征系数，其中 $\alpha = 3.03$，$\beta = -15.09$。

在无法取得水泥的实测强度值时，可按下式计算：

$$f_{ce} = \gamma_c \cdot f_{ce,k} \tag{3-3}$$

式中　$f_{ce,k}$——水泥强度等级值（MPa）；

　　　γ_c——水泥强度等级值的富余系数，宜按实际统计资料确定，无统计资料时可取 1.0。

（3）计算每立方米砂浆中石灰膏的用量。计算每立方米砂浆中石灰膏的用量，应按下式计算：

$$Q_D = Q_A - Q_c \tag{3-4}$$

式中　Q_D——每立方米砂浆的石灰膏用量（kg），应精确至 1 kg；石灰膏使用时的稠度宜为 120 mm±5 mm；

　　　Q_c——每立方米砂浆的水泥用量（kg），应精确至 1 kg；

　　　Q_A——每立方米砂浆中水泥和石灰膏总量，应精确至 1 kg，可为 350 kg。

（4）确定每立方米砂浆中砂的用量。计算每立方米砂浆中的砂用量，应按干燥状态（含水率小于 0.5%）的堆积密度值作为计算值（kg）。

（5）确定每立方米砂浆的用水量。按照砂浆的稠度选取每立方米砂浆的用水量，可根据砂浆稠度等要求选用 210～310 kg。

注：

1）混合砂浆中的用水量，不包括石灰膏中的水。

2）当采用细砂或粗砂时，用水量分别取上限或下限。

3）稠度小于 70 mm 时，用水量可小于下限。

4）施工现场气候炎热或干燥季节，可酌量增加用水量。

水泥砂浆配合比设计也可以直接采用查表法设计，见表 3-2。

表 3-2　每立方米水泥砂浆材料用量　　　　　　　　　　　　　　　kg/m³

强度等级	水泥	砂	用水量
M5	200～230		
M7.5	230～260		
M10	260～290		
M15	290～330	砂的堆积密度值	270～330
M20	340～400		
M25	360～410		
M30	430～480		

（6）和易性测定。得出砂浆配合比后，对砂浆的配合比进行试配、调整和确定。和易性调整：测定砂浆的稠度和分层度。

（7）强度测定。强度校核：以 Q_c、（1＋10%）Q_c 和（1－10%）Q_c 三个水泥量分别配制三个配合比，测定其强度，选择符合强度要求的，且水泥用量较少者作为砂浆配合比；砂浆配合比以各种材料用量的比例形式表示：

$$水泥：掺合料：砂：水 = Q_c：Q_D：Q_S：Q_W$$

2. 砌筑砂浆配合比设计案例

某工程需配制 M7.5、稠度为 70～90 mm 的砌筑砂浆，采用强度等级为 32.5 的普通硅酸盐水泥，石灰膏的稠度为 120 mm，砂的堆积密度为 1 450 kg/m³，含水率为 2%，施工水平一般，试确定该砂浆的配合比。

解：

（1）配制强度 $f_{m,0}$ 的计算公式如下：

$$f_{m,0} = k f_2$$
$$f_2 = 7.5 \text{ MPa}, \quad k = 1.20$$
$$f_{m,0} = 1.20 \times 7.5 = 9.0 \text{ (MPa)}$$

（2）计算水泥的用量 Q_c。

$$Q_c = \frac{1\,000\,(f_{m,0} - \beta)}{\alpha \cdot f_{ce}} = \frac{1\,000 \times (9.0 + 15.09)}{3.03 \times 32.5} = 245 \text{ (kg/m}^3\text{)}$$

（3）计算石灰膏的用量 Q_D。

$$Q_D = Q_A - Q_c = 350 - 245 = 105 \text{（kg/m}^3\text{）}$$

（4）计算砂的用量 Q_S。

$$Q_S = 1\,450 \times (1 + 2\%) = 1\,479 \text{（kg/m}^3\text{）}$$

（5）计算水的用量 Q_W。根据砂浆稠度要求，选择用水量 $Q_W = 300$ kg/m³。

水泥：石灰膏：砂：水 = 245：105：1 479：300 = 1：0.43：6.04：1.22

单元二　抹面砂浆

抹面砂浆也称为抹灰砂浆，用来涂抹在建筑物或建筑构件的表面，兼有保护基层和满足使用要求的作用。

抹面砂浆可分为普通抹面砂浆、装饰砂浆和具有某些特殊功能的抹面砂浆（如防水砂浆、绝热砂浆、吸声砂浆和耐酸砂浆等），如图 3-17 所示。

图 3-17　抹面砂浆

（a）普通抹面砂浆；（b）装饰砂浆

抹面砂浆要求具有良好的和易性，容易抹成均匀平整的薄层，便于施工。还应有较高的粘结力，砂浆层应能与底面黏结牢固，长期保持不开裂或脱落，特别是在潮湿环境或易受外力作用部位（如地面和墙裙等），还应具有较高的耐水性和强度，如图 3-18 所示。

图 3-18　砂浆耐水性

（a）卫生间地面；（b）墙裙

一、普通抹面砂浆

1. 抹面砂浆的组成材料

抹面砂浆的组成材料与砌筑砂浆基本相同，但为了防止砂浆开裂，有时需要加入一些纤维材料，如纸筋（图 3-19）、麻刀（图 3-20）和有机纤维（图 3-21）。

微课：普通抹面砂浆

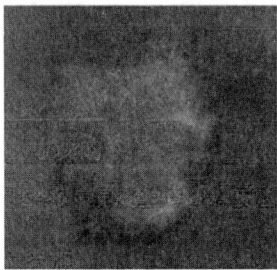

图 3-19　纸筋　　　　　图 3-20　麻刀　　　　　图 3-21　有机纤维

为了强化抹面砂浆的某些功能，还需要加入特殊骨料，如陶砂（图 3-22）、膨胀珍珠岩（图 3-23）。

图 3-22　陶砂　　　　　　　　　图 3-23　膨胀珍珠岩

2. 普通抹面砂浆的特点

与砌筑砂浆相比，普通抹面砂浆具有以下特点：

（1）抹面层不承受荷载。

（2）抹面层与基底层要有足够的黏结强度，使其在施工中或长期自重和环境作用下不脱落、不开裂。

（3）抹面层多为薄层，并分层涂抹，面层要求平整、光洁、细致、美观。

（4）多用于干燥环境，大面积暴露在空气中。

3. 普通抹面砂浆的材料选择

普通抹面砂浆是建筑工程中用量最大的抹灰砂浆。其功能主要是保护结构主体不受风雨及有害杂质的侵蚀，提高防潮、防腐蚀、抗风化性能，增加耐久性；同时可使建筑达到表面平整、清洁和美观的效果。

通常，普通抹面砂浆可分为两层或三层进行施工，如图 3-24 所示。各层抹灰面的作用和要求不同，每层所选用的砂浆也不同。

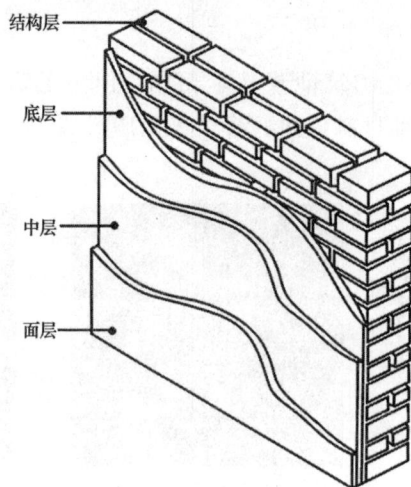

图 3-24　抹面砂浆分层施工

同时，基底材料的特性和工程部位不同，对砂浆技术性能要求也不同，这是选择砂浆种类的主要依据，如图 3-25 所示。

图 3-25　工程部位

(a) 卫生间；(b) 墙面；(c) 地面

水泥砂浆宜用于潮湿或强度要求较高的部位，如图 3-26 所示。

图 3-26　潮湿环境

(a) 卫生间；(b) 浴池；(c) 泳池

混合砂浆多用于室内底层或中层或面层抹灰，如图 3-27 所示。

（a）

（b）

（c）

图 3-27　室内环境

（a）酒店；（b）商场；（c）房屋

石灰砂浆、麻刀灰、纸筋灰砂浆多用于室内中层或面层抹灰，如图 3-28 所示。

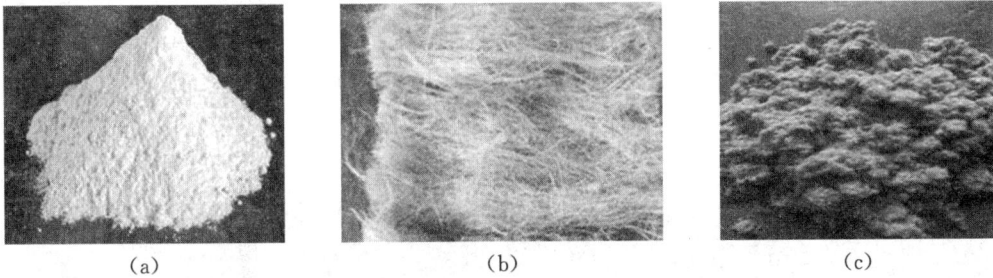

（a）

（b）

（c）

图 3-28　特殊砂浆

（a）石灰砂浆；（b）麻刀灰；（c）纸筋灰砂浆

对混凝土基面多用水泥石灰混合砂浆［图 3-29（a）］；对于木板条基底及面层，多用纤维材料增加其抗拉强度，以防止开裂，如图 3-29（b）所示。

（a）

（b）

图 3-29　基面

（a）混凝土基面；（b）木板条基面

二、装饰砂浆

　　装饰砂浆是指用作建筑物饰面的砂浆。它是在抹面的同时，经各种加工处理而获得特殊的饰面形式，以满足审美需要的一种表面装饰，如图 3-30 所示。

微课：装饰砂浆

装饰砂浆可分为传统装饰砂浆和新型装饰砂浆。

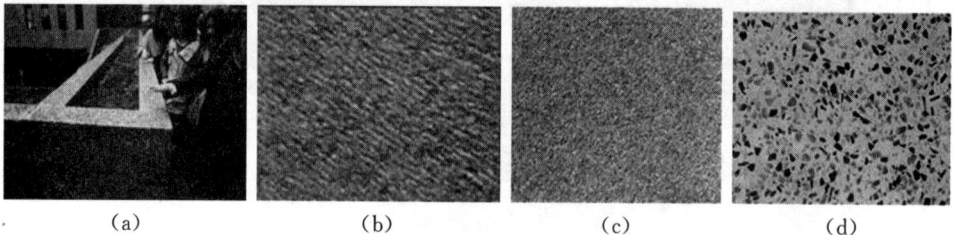

图 3-30　装饰砂浆

1. 传统装饰砂浆

传统装饰砂浆施工时，底层和中层抹面砂浆与普通抹面砂浆基本相同，所不同的是装饰砂浆的面层要求选用具有一定颜色的胶凝材料、骨料，以及采用特殊的施工操作工艺，使表面呈现不同的色彩、质地、花纹和图案等装饰效果。

传统装饰砂浆的饰面可分为灰浆类饰面和石渣类饰面两类。

（1）灰浆类饰面。灰浆类饰面是通过彩色砂浆或彩色砂浆的表面形态的艺术加工，获得一定色彩线条、纹理质感而达到装饰目的的饰面，如图 3-31 所示。

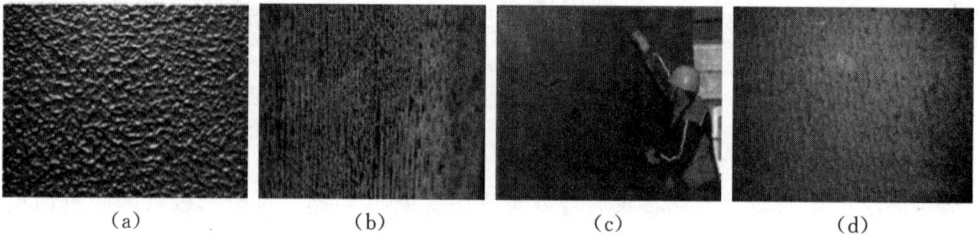

（a）　　　　　　（b）　　　　　　（c）　　　　　　（d）

图 3-31　灰浆类饰面

（a）水刷石；（b）斩假石；（c）干粘石；（d）水磨石

（2）石渣类饰面。石渣类饰面是在水泥砂浆中掺入各种颜色的石渣作为骨料，制得水泥石渣浆抹于墙体基层表面，然后用水洗、斧剁、水磨等手段，除去表面水泥砂浆皮，露出石渣的颜色、质感的饰面，如图 3-32 所示。

（a）　　　　　　（b）　　　　　　（c）　　　　　　（d）

图 3-32　石渣类饰面

（a）水刷石；（b）斩假石；（c）干粘石；（d）水磨石

2. 新型装饰砂浆

新型装饰砂浆由胶凝材料、精细分级的石英砂、颜料、可再分散乳胶粉及各种聚合物添加剂配合而成，如图 3-33 所示。

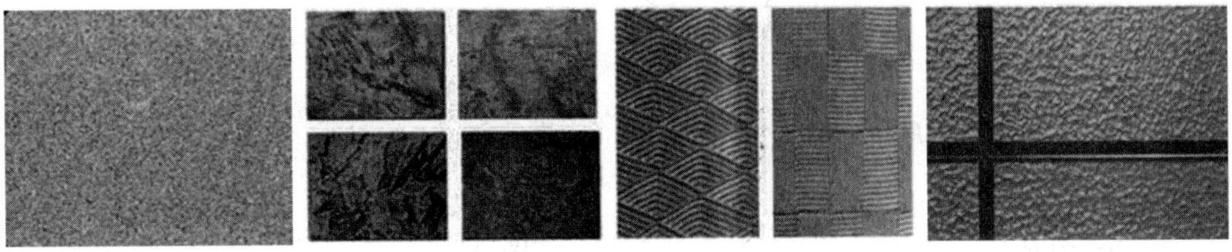

图 3-33 新型装饰砂浆

(a) 刮砂艺术墙面；(b) 批荡艺术墙面；(c) 刮梳艺术墙面；(d) 拉毛艺术墙面

新型装饰砂浆产品的特点如下：

(1) 材质轻，减轻了建筑物增加的质量。

(2) 柔性好，适用于圆、柱体及弧形的造型。

(3) 形状、大小、颜色可根据需求定制。

(4) 装饰性强。

(5) 施工简单、耐久性好，与基底有很强的粘结力。

(6) 防水、抗渗、透气，抗收缩。

(7) 无毒无味，绿色环保。

在发达国家已广泛代替涂料和瓷砖应用于建筑物的内、外墙装饰。

模块小结

本模块主要讲解建筑砂浆的基本组成、分类、用途、技术性能及其应用。通过本模块的学习，学生应掌握建筑砂浆的分类及其性质，了解影响砂浆性质的基本因素；能够完成砌筑砂浆配合比设计和砂浆性能操作试验；为今后在建筑工程领域中更好地选用、制备、检测砂浆奠定坚实的基础。

思考与练习

一、单选题

1. 混合砂浆中的胶凝材料是水泥和（　　）。

　A. 石灰　　　　　　　　　　　B. 石膏

　C. 粉煤灰　　　　　　　　　　D. 水玻璃

2. 砂浆中加入外加剂的目的是（　　）。

　A. 提高砂浆强度　　　　　　　B. 提高砂浆耐久性

　C. 提高砂浆和易性　　　　　　D. 提高砂浆坚固性

3. 为改善砂浆的和易性并节约石灰膏，可在砂浆中掺入（　　）。

　A. 微沫剂　　　B. 减水剂　　　C. 早强剂　　　D. 防冻剂

4. 砌筑砂浆的配合比，采用（　　　）。

    A. 水胶比   B. 质量比

    C. 浆骨比   D. 体积比

5. 砂浆的流动性用（　　）来评价。

    A. 沉入度   B. 分层度

    C. 坍落度   D. 维勃稠度

6. 砌筑砂浆为改善其和易性和节约水泥用量，常掺入（　　　）。

    A. 石灰膏   B. 麻刀

    C. 石膏   D. 黏土膏

二、多选题

1. 用于砌筑砖砌体的砂浆强度主要取决于（　　　）。

    A. 水泥用量   B. 砂子用量

    C. 水胶比   D. 水泥强度等级

2. 新拌砂浆应具备的技术性质是（　　　）。

    A. 流动性   B. 保水性

    C. 变形性   D. 强度

三、判断题

1. 材料的孔隙率增大时，强度增大。 （　　）

2. 当砂浆原材料种类及比例一定时，其流动性主要取决于单位用水量。 （　　）

3. 砂浆的流动性是用分层度表示的。 （　　）

四、讨论题

1. 砌筑砂浆有哪些技术性质？用什么方法测定？

2. 砂浆的保水性主要取决于什么？采取什么措施提高砂浆的保水性？

3. 怎样改善砂浆的和易性？

模块四

混凝土进场检验

知识目标

1. 掌握混凝土的定义、特点，掌握各组成材料的性能和要求。
2. 掌握混凝土拌合物和易性的概念及测定方法，掌握混凝土和易性的影响因素。
3. 掌握混凝土各种强度指标的概念及测定方法，掌握混凝土强度的影响因素。
4. 掌握混凝土耐久性的概念及指标，掌握混凝土耐久性的影响因素。

能力目标

1. 能够根据工程特点或所处环境合理选用混凝土各组成材料。
2. 能够根据工程施工需要合理调节混凝土拌合物的和易性。
3. 能够根据结构设计要求合理调节混凝土强度。
4. 能够根据工程所处环境合理满足混凝土耐久性指标。

素养目标

1. 具备较高的职业素养与良好的职业认同感。
2. 具备执着专注、精益求精、一丝不苟、追求卓越的工匠精神。
3. 具备崇尚劳动、热爱劳动、辛勤劳动、诚实劳动的精神。
4. 培养团队合作意识，具备团队协作能力。

单元一　混凝土的分类与组成

一、混凝土概述

1. 混凝土的概念

（1）广义概念。混凝土是指由胶凝材料将骨料胶结成整体的工程复合材料的统称，如图 4-1 所示。

微课：混凝土概述

图 4-1 混凝土

（2）狭义概念。混凝土是指以水泥、骨料和水为主要原材料，也可加入外加剂和矿物掺合料等材料，经拌和、成型、养护等工艺制作的、硬化后具有强度的工程材料，如图 4-2 所示。

（a）　　　　　　（b）　　　　　　（c）　　　　　　（d）

图 4-2 混凝土的材料组成

（a）水泥；（b）骨料；（c）水；（d）外加剂

2. 混凝土的特点

作为当今最广泛使用的建筑材料，与木材、砖、钢材这些主要建筑材料相比，混凝土的特点非常鲜明。

（1）混凝土的优点。

1）原材料丰富，成本低。骨料占混凝土体积 70% 以上，资源十分丰富。

2）混凝土拌合物具有良好的可塑性。新浇筑的混凝土利用模板可以制成任何形状、尺寸的构件。

3）抗压强度高。常用混凝土的抗压强度为 20～55 MPa，高强度混凝土可达 80 MPa 以上。

4）良好的耐久性。混凝土有抗冻、抗渗、抗风化、抗腐蚀等性能，比钢材、木材更耐久。

（2）混凝土的缺点。

1）自重大。与钢材、木材相比，混凝土结构的整体自重较大。

2）凝结硬化后的混凝土性脆易裂，抗拉强度低。混凝土难以单独作为大跨度结构材料使用，需要用钢筋来补充塑性。

3）混凝土养护周期长。混凝土的现场养护大大制约了工程的进展速度，这也给装配式技术的蓬勃发展带来了契机。

3. 混凝土的分类

（1）按所用胶凝材料分类，混凝土可分为无机胶凝材料混凝土和有机胶凝材料混凝土。

1）无机胶凝材料混凝土。无机胶凝材料混凝土包括水泥混凝土（图 4-3）、石膏混凝土、硅酸盐混凝土、水玻璃混凝土等。

2）有机胶凝材料混凝土。有机胶凝材料混凝土包括沥青混凝土（图 4-4）、聚合物混凝土等。

图 4-3 水泥混凝土

图 4-4 沥青混凝土

（2）按表观密度分类，混凝土可分为重混凝土、普通混凝土、轻混凝土。这三种混凝土最大的区别在于骨料的不同。

1）重混凝土。重混凝土是表观密度大于 2 800 kg/m³，用特别密实和特别重的骨料制成的，如重晶石混凝土、钢屑混凝土等。

2）普通混凝土。普通混凝土是人们在建筑中常用的混凝土，表观密度为 2 000～2 800 kg/m³，其骨料为普通的砂、石。

3）轻混凝土。轻混凝土是表观密度小于 1 950 kg/m³ 的混凝土。它又可分为轻骨料混凝土、多孔混凝土和大孔混凝土。

（3）按使用功能分类，混凝土可分为结构混凝土、耐酸混凝土、耐热混凝土、防水混凝土、防辐射混凝土等，如图 4-5 所示。

1）结构混凝土。结构混凝土是能够支撑结构空间的混凝土。广泛用于土木工程中承受荷载的承重构件。

2）耐酸混凝土。耐酸混凝土是在酸性介质作用下具有抗腐蚀能力的混凝土。广泛用于化学工业的防酸槽、电镀槽等。

3）耐热混凝土。耐热混凝土是在 200～1 300 ℃高温长期作用下，仍能保证正常使用的混凝土。常用于热工设备、工业窑炉和受高温作用的结构物。

4）防水混凝土。防水混凝土是抗渗等级大于或等于 P6 级别的混凝土。主要用于地下，水池、水塔、桥墩、海港、码头、水坝等工程。

5）防辐射混凝土。防辐射混凝土是采用特殊的重骨料配制的，能够有效屏蔽原子核辐射和中子辐射的混凝土。其主要用于原子能反应堆、粒子加速器等含有放射源装置的防护材料。

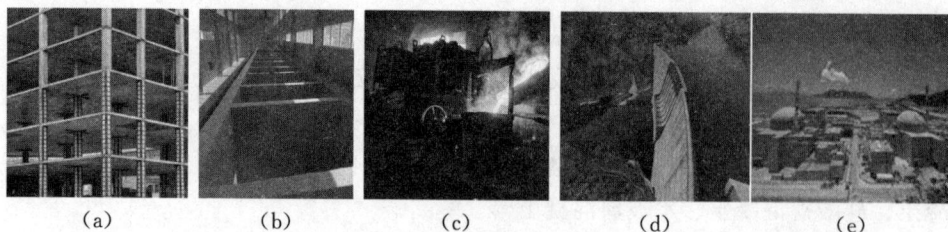

图 4-5　混凝土按使用功能分类

(a) 结构混凝土；(b) 耐酸混凝土；(c) 耐热混凝土；(d) 防水混凝土；(e) 防辐射混凝土

（4）按施工方法分类，混凝土可分为现浇混凝土、预制混凝土、泵送混凝土、喷射混凝土等，如图 4-6 所示。

1）现浇混凝土。现浇混凝土是在施工现场支模浇筑的混凝土。大多数建筑物均采用此种方法建筑而成。

2）预制混凝土。预制混凝土是在工厂或工地现场制作混凝土制品的混凝土。预制混凝土在其他处浇制而非在最后的施工现场。

3）泵送混凝土。泵送混凝土是用混凝土泵或泵车沿输送管运输和浇筑的混凝土。适合大体积混凝土和高层建筑混凝土的运输与浇筑。

4）喷射混凝土。喷射混凝土是采用喷射设备喷射到浇筑面上的，可快速凝结硬化的混凝土。常用于浇筑隧道内衬、墙壁、顶棚等薄壁结构的衬里，以及钢结构的保护层。

图 4-6　混凝土按施工方法分类

(a) 现浇混凝土；(b) 预制混凝土；(c) 泵送混凝土；(d) 喷射混凝土

4. 混凝土的基本要求

混凝土质量控制是工程建设的重要环节，体现着混凝土工程的整体技术水平，对于保证混凝土工程质量和促进混凝土技术进步具有重要的意义。混凝土的基本要求有以下四点：

（1）满足施工所要求的混凝土拌合物的和易性。

（2）硬化后的混凝土应满足结构设计的强度。

（3）混凝土在使用过程中，应满足与工程环境相适应的耐久性。

（4）在保证混凝土质量的前提下，应尽可能节约水泥，降低成本，确保经济性。

二、普通混凝土的组成材料

普通混凝土由水泥、水、砂（细骨料）、石子（粗骨料）四种基本材料组成。

在混凝土组成材料中，水泥与水拌和形成水泥浆，水泥浆包裹在骨料表面并填充骨料间的空隙。水泥浆在硬化前起润滑作用，使混凝土拌合物具有一定的流动性，易于施工操作；水泥浆硬化后将骨料胶结在一起，使混凝土形成坚固的整体。

骨料按其粒径大小不同可分为细骨料和粗骨料。在混凝土中，骨料的体积占混凝土总体积的 $70\%\sim80\%$，在混凝土中主要起骨架和填充作用。骨料中砂石颗粒逐级填充形成理想的密实状态，可有效节约水泥浆用量和抵抗水泥浆干缩，提高混凝土强度。混凝土的结构如图 4-7 所示。

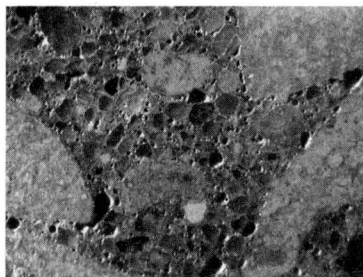

图 4-7　混凝土的结构

1. 水泥的选用

（1）水泥品种的选用。在工程实践中，水泥品种应根据设计文件、施工要求、工程所处环境及当地水泥的供应情况作出选择。

1）对于一般建筑结构及预制构件的普通混凝土，宜采用通用硅酸盐水泥，可根据工程特点及所处环境参照表 4-1 选用。

2）对于高强度混凝土和有抗冻要求的混凝土，宜采用硅酸盐水泥或普通硅酸盐水泥。

3）对于有预防混凝土碱—集料反应要求的混凝土，宜采用碱含量低于 0.6% 的水泥。

4）对于大体积混凝土，宜采用中、低热硅酸盐水泥或低热矿渣硅酸盐水泥。

表 4-1　通用水泥的选用表

混凝土工程特点或所处环境条件		优先选用	可以使用	不得使用
环境条件	在普通气候环境中的混凝土	普通硅酸盐水泥	矿渣硅酸盐水泥 火山灰质硅酸盐水泥 粉煤灰硅酸盐水泥	
	在干燥环境中的混凝土	普通硅酸盐水泥	矿渣硅酸盐水泥	火山灰质硅酸盐水泥 粉煤灰硅酸盐水泥
	在高湿度环境中或永远处在水下的混凝土	矿渣硅酸盐水泥	普通硅酸盐水泥 火山灰质硅酸盐水泥 粉煤灰硅酸盐水泥	

混凝土工程特点或所处环境条件		优先选用	可以使用	不得使用
环境条件	严寒地区的露天混凝土、寒冷地区处在水位升降范围内的混凝土	普通硅酸盐水泥	矿渣硅酸盐水泥	火山灰质硅酸盐水泥 粉煤灰硅酸盐水泥
	受侵蚀性环境水或侵蚀性气体作用的混凝土	根据侵蚀性介质的种类、浓度等具体条件按规定选用		
	厚大体积的混凝土	粉煤灰硅酸盐水泥 矿渣硅酸盐水泥	普通硅酸盐水泥 火山灰质硅酸盐水泥	硅酸盐水泥

（2）水泥强度等级选择。水泥强度等级的选择与混凝土设计强度等级密切关系。若水泥强度过高，其用量就会偏少，从而影响混凝土拌合物的工作性。若水泥强度过低，则可能影响混凝土的最终强度。

根据经验，一般情况下水泥强度等级应为混凝土设计强度等级的 1.5～2 倍。对于较高强度等级的混凝土，应为混凝土强度等级的 0.9～1.5 倍。

2. 水的选用

（1）混凝土用水的概念。混凝土用水是指混凝土拌合用水和混凝土养护用水的总称，包括饮用水、地表水、地下水、再生水、混凝土企业设备洗刷水和海水等，如图 4-8 所示。其中，地表水是指存在于江、河、湖、塘、沼泽和冰川中的水；地下水是指存在于岩石缝隙或土壤孔隙中可以流动的水；再生水是指污水经适当再生工艺处理后具有使用功能的水。

（a）　　　　　　　　　　（b）　　　　　　　　　　（c）

图 4-8　混凝土用水

（a）地表水；（b）地下水；（c）再生水

（2）混凝土用水的具体要求。

1）混凝土用水中不得含有影响水泥正常凝结、硬化的有害物质。

2）只有饮用水、地表水、地下水及处置后的工业废水适用于拌制和养护混凝土。

3）未经处理的生活污水、工业废水、海水等，都不得用来拌制混凝土。

4）水中漂浮有明显的油脂和泡沫、有明显的颜色和异味的都不准用来拌制混凝土。

5）对于缺乏淡水的地区，强度检验符合设计要求时，允许用海水拌制素混凝土。

6）钢筋混凝土、预应力混凝土、饰面要求较高的混凝土不得用海水拌制。

7）混凝土拌合用水水质要求应符合表 4-2 的具体规定。

表 4-2　混凝土拌合用水水质要求

项目	预应力混凝土	钢筋混凝土	素混凝土
pH 值	$\geqslant 5.0$	$\geqslant 4.5$	$\geqslant 4.5$
不溶物/（mg·L^{-1}）	$\leqslant 2\,000$	$\leqslant 2\,000$	$\leqslant 5\,000$
可溶物/（mg·L^{-1}）	$\leqslant 2\,000$	$\leqslant 5\,000$	$\leqslant 10\,000$
Cl$^-$/（mg·L^{-1}）	$\leqslant 500$	$\leqslant 1\,000$	$\leqslant 3\,500$
SO$_4^{2-}$/（mg·L^{-1}）	$\leqslant 600$	$\leqslant 2\,000$	$\leqslant 2\,700$
碱含量/（mg·L^{-1}）	$\leqslant 1\,500$	$\leqslant 1\,500$	$\leqslant 1\,500$

3. 细骨料的选用

（1）细骨料的概念。粒径在 0.15～4.75 mm 的骨料为细骨料，俗称砂。

（2）细骨料的分类。

1）砂按产源分类。砂按产源可分为天然砂、机制砂两类。

① 天然砂。天然砂是指自然生成的，经人工开采和筛分的，粒径小于 4.75 mm 的岩石颗粒，包括河砂、湖砂、山砂、淡化海砂，但不包括软质、风化的岩石颗粒，如图 4-9 所示。

② 机制砂。机制砂是指经除土处理，由机械破碎、筛分制成的，粒径小于 4.75 mm 的岩石、矿山尾矿或工业废渣颗粒，但不包括软质、风化的颗粒，俗称"人工砂"，如图 4-10 所示。

微课：普通混凝土的组成材料2——骨料

图 4-9　天然砂

图 4-10　机制砂

2）砂按技术要求分类。砂按技术要求分为Ⅰ类、Ⅱ类和Ⅲ类，其中：

① Ⅰ类宜用于强度等级大于 C60 的混凝土。

② Ⅱ类宜用于强度等级为 C30～C60 及抗冻、抗渗或其他要求的混凝土。

③ Ⅲ类宜用于强度等级小于 C30 的混凝土。

（3）细骨料的技术要求。在混凝土结构工程中，应对细骨料的颗粒级配、粗细程度、含泥量、泥块含量、有害物质限量、坚固性等进行控制。

1）颗粒级配。

①颗粒级配的概念：即表示砂大小颗粒的搭配情况。在混凝土中砂粒之间的空隙是由水泥浆所填充的，为达到节约水泥和提高强度的目的，就应尽量减小砂粒之间的空隙，如图 4-11 所示。如果是同样粗细的砂，空隙最大。两种粒径的砂搭配，空隙就减小了；三种粒径的砂搭配，空隙就更小了。由此可见，要想减小砂粒之间的空隙，就必须有大小不同的颗粒搭配。

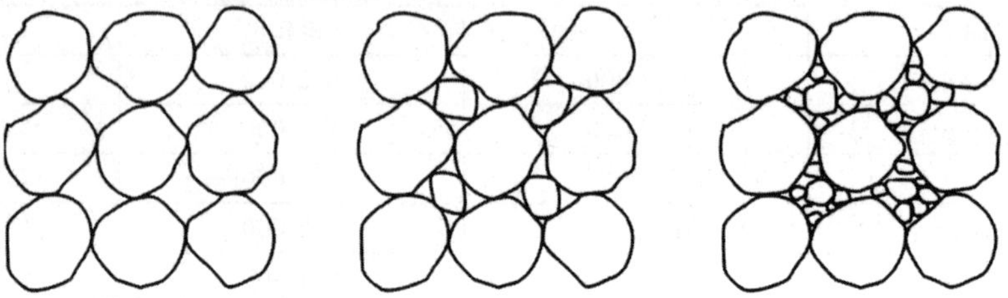

（a）　　　　　　　　　（b）　　　　　　　　　（c）

图 4-11　砂的颗粒级配示意

（a）单一粒径；（b）两种粒径；（c）多种粒径

②颗粒级配的测定方法：筛分试验。如图 4-12 所示，砂的筛分试验是以一套标准筛（0.15 mm、0.3 mm、0.6 mm、1.18 mm、2.36 mm、4.75 mm、9.5 mm 方孔筛）将 500 g 干砂试样由粗到细依次过筛，然后称得余留在各筛上砂的质量，并计算各筛上的分计筛余百分率 a_i（各筛上筛余量占砂样总量的百分率）和累计筛余百分率 A_i（各个筛和比该筛粗的所有分计筛余百分率之和）。它们之间的关系见表 4-3。

图 4-12　筛分试验器具

表 4-3　累计筛余与分计筛余的关系

筛孔尺寸/mm	分计筛余/%	累计筛余/%
4.75（5）	a_1	$A_1 = a_1$
2.36（2.5）	a_2	$A_2 = a_1 + a_2$

筛孔尺寸/mm	分计筛余/%	累计筛余/%
1.18 (1.25)	a_3	$A_3 = a_1 + a_2 + a_3$
0.6 (0.63)	a_4	$A_4 = a_1 + a_2 + a_3 + a_4$
0.3 (0.315)	a_5	$A_5 = a_1 + a_2 + a_3 + a_4 + a_5$
0.15 (0.16)	a_6	$A_6 = a_1 + a_2 + a_3 + a_4 + a_5 + a_6$

③颗粒级配表示方法：以 0.6 mm 筛孔的累计筛余量将混凝土用砂分成三个级配区，见表 4-4。根据累计筛余百分率和筛孔尺寸可绘制出图 4-13 所示的级配曲线。

表 4-4　颗粒级配

砂的分类	天然砂			机制砂、混合砂		
级配区	1 区	2 区	3 区	1 区	2 区	3 区
方筛孔尺寸/mm	累计筛余/%					
4.75	10～0	10～0	10～0	5～0	5～0	5～0
2.36	35～5	25～0	15～0	35～5	25～0	15～0
1.18	65～35	50～10	25～0	65～35	50～10	25～0
0.60	85～71	70～41	40～16	85～71	70～41	40～16
0.30	95～80	92～70	85～55	95～80	92～70	85～55
0.15	100～90	100～90	100～90	97～85	94～80	94～75

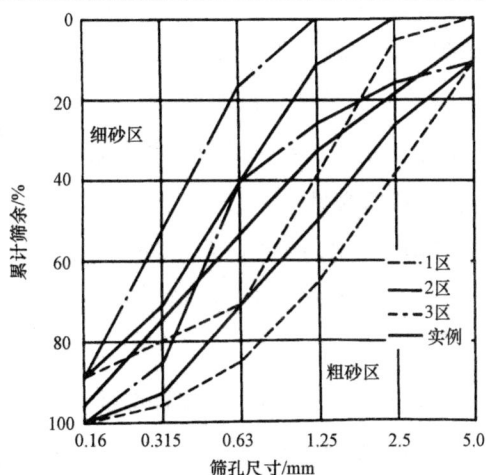

图 4-13　砂的级配曲线

2）粗细程度。

①粗细程度的概念。粗细程度是指不同粒径的砂粒混合在一起后总体的粗细程度，通常有粗砂、中砂与细砂之分，如图 4-14 所示。

图 4-14 砂的粗细程度

(a) 粗砂；(b) 中砂；(c) 细砂

在相同质量条件下，细砂的总表面积较大，而粗砂的总表面积较小。在混凝土中，砂子的表面需要由水泥浆包裹，砂子的总表面积越大，则需要包裹砂粒表面的水泥浆就越多。因此，一般情况下，用粗砂拌制的混凝土比用细砂所需的水泥浆更省。在拌制混凝土时，砂的颗粒级配和粗细程度应同时考虑。当砂中含有较多的粗粒径砂，并以适当的中粒径砂及少量细粒径砂填充其空隙时，则可达到空隙率及总表面积均较小，这样的砂比较理想，不仅水泥浆用量较少，而且还可提高混凝土的密实性与强度。

②粗细程度的表示方法。砂的粗细程度用细度模数 M_x 表示。其计算公式如下：

$$M_x = \frac{(A_2 + A_3 + A_4 + A_5 + A_6) - 5A_1}{100 - A_1} \qquad (4-1)$$

式中，分子部分为标准套筛各筛上的累计筛余百分率的和，分母部分为标准套筛各筛上分计筛余百分率的和去掉 5 mm 筛孔尺寸筛上的石子数。

根据砂的细度模数可将砂分为三种，粗砂 $M_x = 3.1 \sim 3.7$；中砂 $M_x = 2.3 \sim 3.0$；细砂 $M_x = 1.6 \sim 2.2$。中砂粗细适当，级配最好，拌制混凝土时最好选用中砂。

3）含泥量、泥块含量、石粉含量。

①含泥量：是指天然砂中粒径小于 75 μm 的颗粒含量。

②泥块含量：是指砂中原粒径大于 1.18 mm，经水浸洗、淘洗等处理后小于 0.6 mm 的颗粒含量。

③石粉含量：机制砂中粒径小于 75 μm 的颗粒含量。

对于有抗渗、抗冻或其他特殊要求的混凝土，砂中的含泥量和泥块含量分别不应大于 3.0% 和 1.0%；对于高强度混凝土，砂的含泥量和泥块含量分别不应大于 2.0% 和 0.5%。

4）有害物质。建筑用砂中如含有云母、轻物质、有机物、硫化物及硫酸盐、氯盐、贝壳等，其限量应符合表 4-5 的规定。

表 4-5　有害物质限量

类别	Ⅰ类	Ⅱ类	Ⅲ类
云母（按质量计）/%	≤1.0	≤2.0	
轻物质（按质量计）/%	≤1.0		
有机物	合格		
硫化物及硫酸盐（按 SO_2 质量计）/%	≤0.5		
氯化物（以氯离子质量计）/%	≤0.01	≤0.02	≤0.06
贝壳（按质量计）/%*	≤3.0	≤5.0	≤8.0

注：* 该指标仅适用于海砂，其他砂种不作要求

　　钢筋混凝土和预应力混凝土用砂的氯离子含量分别不应大于 0.06% 和 0.02%。混凝土用海砂应经过净化处理，其氯离子含量不应大于 0.03%。海砂不得用于预应力混凝土。

　　5）坚固性。砂的坚固性是指砂在自然风化和其他外界物理、化学因素作用下抵抗破裂的能力。采用硫酸钠溶液法进行试验，通过质量损失率来评定：

　　①Ⅰ类、Ⅱ类砂坚固性检验的质量损失不应大于 8%。

　　②Ⅲ类砂坚固性检验的质量损失不应大于 10%。

4. 粗骨料的选用

（1）粗骨料的概念。材料粒径大于 4.75 mm 的骨料称为粗骨料。

（2）粗骨料的类别。

　　1）按颗粒形状及表面特征分类。普通混凝土常用的粗骨料按颗粒形状及表面特征可分为碎石和卵石，如图 4-15 所示。

（a）　　　　　　　　　　　　　　（b）

图 4-15　粗骨料

(a) 碎石；(b) 卵石

　　碎石具有棱角，表面粗糙，与水泥黏结较好；卵石多为圆形，表面光滑，与水泥的黏结较差。

　　2）按技术要求分类。粗骨料按技术要求可分为Ⅰ类、Ⅱ类和Ⅲ类。

　　①Ⅰ类宜用于强度等级大于 C60 的混凝土。

　　②Ⅱ类宜用于强度等级为 C30～C60 及抗冻、抗渗或其他要求的混凝土。

③Ⅲ类宜用于强度等级小于 C30 的混凝土。

（3）粗骨料的技术要求。在混凝土结构工程中，应对粗骨料的颗粒级配、针片状颗粒含量、含泥量与泥块含量及强度进行控制。

1）颗粒级配。石子的颗粒级配也通过筛分试验来确定，可分为连续级配和间断级配。

①连续级配。连续级配是指颗粒的尺寸由小到大连续分级，适合配制普通塑性混凝土及大流动性的泵送混凝土。

②间断级配。间断级配是指省去一级或几级中间粒级的石子级配，适用于配制机械振捣、流动性低的半干硬或干硬性混凝土。

2）最大粒径。在粗骨料中，公称粒级的上限称为该粒级的最大粒径，用 D_{max} 表示。对于混凝土结构，粗骨料最大粒径不得大于构件截面最小尺寸的 1/4，且不得大于钢筋最小净间距的 3/4；对于混凝土实心板，粗骨料的最大粒径不宜大于板厚的 1/3，且不得大于 40 mm；对于大体积混凝土，粗骨料最大粒径不宜小于 31.5 mm；对于高强度混凝土，粗骨料的最大粒径不宜大于 25 mm。

3）卵石含泥量、碎石泥粉含量和泥块含量。

①卵石含泥量。卵石中粒径小于 75 μm 的黏土颗粒含量。

②碎石泥粉含量。碎石中粒径小于 75 μm 的黏土和石粉颗粒含量。

③泥块含量。卵石、碎石中原粒径大于 4.75 mm，经水浸泡、淘洗等处理后小于 2.36 mm 的颗粒含量。

对于有抗渗、抗冻、抗腐蚀、耐磨或其他特殊要求的混凝土，粗骨料中的含泥量和泥块含量分别不应大于 1.0％和 0.5％。

4）针、片状颗粒。

①针状颗粒。针状颗粒是指长度大于该颗粒所属相应粒级的平均粒径 2.4 倍的卵石、碎石颗粒。

②片状颗粒。片状颗粒是指厚度小于平均粒径 0.4 倍的卵石、碎石颗粒。针、片状颗粒过多，会使混凝土强度降低。对于高强度混凝土，粗骨料针片状颗粒含量不宜大于 5％且不应大于 8％

5）岩石抗压强度。岩石抗压强度是将母岩制成 50 mm×50 mm×50 mm 的立方体试件或 50 mm×50 mm 的圆柱体试件，测得其在饱和水状态下的抗压强度值。粗骨料岩石抗压强度应比配制的混凝土强度至少高 20％。对于高强度混凝土，应至少高 30％。

5. 外加剂的选用

（1）外加剂的概念。混凝土中除胶凝材料、骨料、水和纤维组分外，在混凝土拌制之前或拌制过程中加入的，用以改善新拌混凝土和（或）硬化混凝土性能，对人、生物及环境安全无有害影响的材料，简称外加剂。

（2）外加剂的分类。混凝土外加剂的种类繁多，功能多样，按其主要使用功能可分为以下四类：

微课：普通混凝土的组成材料 3——外加剂与掺和料

1) 改善混凝土拌合物流动性能的外加剂：包括各种减水剂、引气剂和泵送剂等。

2) 调节混凝土凝结时间、硬化性能的外加剂：包括缓凝剂、早强剂、促凝剂和速凝剂等。

3) 改善混凝土耐久性的外加剂：包括引气剂、防水剂和阻锈剂等。

4) 改善混凝土其他性能的外加剂：包括膨胀剂、防冻剂、着色剂、防水剂等。

（3）外加剂的应用。目前，工程中应用较多和较成熟的外加剂有减水剂、早强剂、缓凝剂、引气剂、膨胀剂、防冻剂等。

1) 减水剂。混凝土中掺入减水剂，若不减少拌合用水量，可显著提高拌合物的流动性；当减水而不减少水泥时，可提高混凝土强度；若减水的同时适当减少水泥用量，则可节约水泥，同时，混凝土的耐久性也能得到显著改善。

减水剂是目前应用最为广泛的混凝土外加剂。其适用于强度等级为 C15～C60 及以上的泵送混凝土（图 4-16）或常态混凝土工程，特别适用于配制高耐久、高流态、高强度以及对外观质量要求高的混凝土工程。减水剂促进了我国混凝土新技术的发展，已经逐步成为优质混凝土必不可少的组成材料。

图 4-16　泵送混凝土

2) 早强剂。混凝土中掺入早强剂，可加速硬化和早期强度发展，缩短养护周期，加快施工进度，提高模板周转率。早强剂多用于冬期施工或紧急抢修工程。

3) 缓凝剂。混凝土中掺入缓凝剂，可延缓初凝时间和终凝时间而不影响混凝土后期强度。

缓凝剂主要用于配制高温季节混凝土、大体积混凝土、泵送与滑模方法施工，以及远距离运输的商品混凝土等。缓凝剂的水泥品种适应性十分明显，不同品种水泥的缓凝效果不相同，甚至会出现相反的效果。因此，使用前必须进行试验，检测其缓凝效果。

4) 引气剂。混凝土中掺入引气剂，能在搅拌过程中引入大量均匀分布、稳定封闭的微小气泡，且能保留在硬化混凝土中。引气剂可改善混凝土拌合物的和易性，减少泌水离析，并能提高混凝土的抗渗性、抗冻性、抗裂性。但是，由于大量微气泡的存在，混凝土的抗压强度会有所降低。引气剂适用于配制抗冻混凝土、泵送混凝土、港口混凝土、防水混凝土，以及骨料质量差、泌水严重的混凝土，不适宜配制蒸汽养护的混凝土。

5）膨胀剂。混凝土中掺入膨胀剂，会产生膨胀应力，可以有效地防止裂缝出现，并能够起到一定的防渗作用。膨胀剂主要用于配制高等级防水混凝土和用于伸缩缝或后浇带（图 4-17）的膨胀混凝土。

6）防冻剂。使用防冻剂可使混凝土在负温下硬化，并在规定养护条件下达到预期性能。防冻剂可广泛应用于工业与民用建筑、道路、桥梁、水利工程的冬期施工，如图 4-18 所示。

图 4-17　后浇带

图 4-18　冬期施工

6. 掺合料的选用

（1）掺合料的概念。在混凝土拌合物制备时，为了节约水泥、改善混凝土性能、调节混凝土强度等级而加入的天然的或人工的能改善混凝土性能的粉状矿物质，统称为混凝土掺合料。

（2）掺合料的分类。用于混凝土中的掺合料可分为活性矿物掺合料和非活性矿物掺合料两大类。活性矿物掺合料虽然本身不水化或水化速度很慢，但能与水泥水化生成的 $Ca(OH)_2$ 反应，生成水硬性胶凝材料，如粒化高炉矿渣、火山灰质材料、粉煤灰、硅粉等。非活性矿物掺合料一般与水泥组分不起化学作用，或化学作用很小，如磨细石英砂、石灰石、硬矿渣之类的材料。

（3）常用掺合料。常用的掺合料有粉煤灰、粒化高炉矿渣、硅灰等。

1）粉煤灰。粉煤灰是从煤燃烧后的烟气中收捕下来的细灰。粉煤灰是燃煤电厂排出的主要固体废物，如图 4-19 所示。

图 4-19　粉煤灰与燃煤电厂

2）粒化高炉矿渣。粒化高炉矿渣是炼铁厂在高炉冶炼生铁时所得到的以硅铝酸钙为主要成分的熔融物，经水淬成粒后所得的工业固体废渣，如图4-20所示。

图 4-20　粒化高炉矿渣与炼铁高炉

3）硅灰。硅灰是在冶炼硅铁合金或工业硅时，通过烟道排出的硅蒸气氧化后，经收尘器收集得到的以无定形二氧化硅为主要成分的产品，如图4-21所示。

图 4-21　硅灰与冶炼工业硅车间

（4）掺合料的作用。在掺有减水剂的情况下，掺合料能增加新拌混凝土的和易性，改善混凝土的可泵性，降低混凝土的水化热，提高硬化后混凝土的强度和耐久性。同时，因为掺合料多以天然矿物质或工业废渣为原料，用其替代部分水泥，既能降低成本又有利于环境保护。

（5）掺合料的应用。掺合料广泛应用于泵送混凝土、大体积混凝土、抗渗混凝土、抗硫酸盐混凝土、蒸养混凝土、高强度混凝土。

单元二　混凝土的技术性质

一、混凝土拌合物的和易性

1. 和易性的概念

（1）混凝土拌合物的概念。混凝土各组成材料按一定比例进行配制、搅拌而成的，尚未凝结硬化的塑性状态拌合物，称为混

微课：混凝土拌合物的和易性

凝土拌合物，也称为新拌混凝土。

混凝土拌合物必须具有良好的和易性，以保证获得良好的浇筑质量。同时，混凝土拌合物的各种性质也将直接影响硬化后混凝土的强度和耐久性。

（2）和易性的概念。

1）和易性。和易性是指混凝土拌合物易于施工操作并能获得质量均匀、成型密实的性能，这些施工操作包括搅拌、运输、浇筑、捣实，因此，又称为工作性。

和易性是一项综合性的技术指标，它与施工现场需求密切相关，也深远地影响着混凝土的最终质量。通常，和易性包括流动性、黏聚性和保水性三个方面内容。

2）流动性。流动性是指新拌混凝土在自重或机械振捣的作用下，能产生流动，并均匀密实地填满模板的性能。

流动性反映出拌合物的稀稠程度。若混凝土拌合物太干稠，则流动性差，难以振捣密实，易造成混凝土内部空隙；若拌合物过稀，虽流动性变大，但在振捣后，混凝土易出现水泥砂浆上浮，而石子下沉的分层离析现象，导致混凝土出现质量不均匀的情况。以上两种现象均会严重影响硬化后混凝土的质量。

3）黏聚性。黏聚性是指新拌混凝土的组成材料之间有一定的黏聚力，在施工过程中，不致发生分层和离析现象，能保持整体均匀的性能。

黏聚性好，混凝土拌合物在运输、浇筑、振捣等外力作用下，不易产生分层、离析的现象，保证拌合物的整体性。若黏聚性差，则混凝土中骨料与水泥浆容易分离，造成混凝土不均匀，硬化拆模后，出现蜂窝和麻面等缺陷。

4）保水性。保水性是指混凝土拌合物，在施工过程中具有保持水分、不易析出的能力。

混凝土拌合物在施工过程中，较重的骨料颗粒下沉，密度小的水分逐渐上升的现象称为泌水。保水性差的混凝土拌合物在运输浇筑后和凝结硬化前很容易泌水。分泌出的水分聚集到混凝土的表面，会引起表面疏松；聚集在骨料、钢筋的下面形成空隙，则会削弱骨料或钢筋与混凝土的连接力；在泌水过程中形成透水通道，也会影响混凝土的密实性。总之，保水性差，会大大降低混凝土的强度和耐久性。

混凝土拌合物的和易性是流动性、黏聚性和保水性的综合体现，新拌混凝土的流动性、黏聚性和保水性之间既互相联系，又存在矛盾。例如，流动性很好时，往往黏聚性和保水性差；反之，黏聚性和保水性较好，流动性则较差。因此，在某种具体施工条件下，混凝土拌合物的和易性是以上三个方面性质的矛盾统一。

2. 和易性的测定与选择

目前，还没有能够全面反映混凝土拌合物和易性的简单测定方法。通常，流动性通过试验测定，其测定方法有坍落度法（图 4-22）和维勃稠度法（图 4-23）两种。坍落度法适用于骨料最大粒径不大于 40 mm，坍落度值不小于 10 mm 的塑性和流动性混凝土拌合物；对坍落度值小于 10 mm 的干硬性混凝土拌合物，则采用维勃稠度试验测定。对于黏聚性和保水性，则以目测和经验来评定。

| 图 4-22　坍落度试验 | 图 4-23　维勃稠度试验 |

（1）坍落度的测定。将混凝土拌合物按规定的试验方法装入标准的圆锥形坍落度筒内，均匀捣平后，再将筒垂直向上快速提起，测量筒高与坍落后的混凝土试件最高点之间的高度差即该混凝土拌合物的坍落度值。作为流动性指标，坍落度的数值越大，表示流动性越大。

（2）黏聚性和保水性评价。黏聚性的观察方法：将捣棒在已坍落的混凝土锥体侧面轻轻敲打，如果混凝土锥体保持整体均匀，逐渐下沉，表示黏聚性良好，如果锥体倒塌或崩裂，说明黏聚性不好。

保水性的评定是以混凝土拌合物稀浆析出的程度来评定。坍落度筒提起后，如有较多的稀浆析出，锥体部分的混凝土也有骨料外露，则表明此拌合物保水性差。如坍落度筒提起后，无稀浆析出或仅有少量析出，则表示混凝土拌合物的保水性良好。

（3）坍落度的选择。在满足施工操作及混凝土成型密实的前提下，尽可能选用较小的坍落度，以节约水泥并获得较高质量。在工程实践中，混凝土浇筑时的坍落度宜按表 4-6 规定的原则选用。从表中能够看出，坍落度的选取主要取决于钢筋疏密程度及构件截面尺寸。若钢筋密列或构件截面尺寸小时，应选择流动性大些的；反之，则选择流动性小些的。

表 4-6　混凝土浇筑时的坍落度

结构种类	坍落度/mm
基础或地面等的垫层、无配筋的大体积结构（挡土墙、基础等）或配筋稀疏的结构	10～30
板、梁和大型及中型截面的柱子等	30～50
配筋密列的结构（如薄壁、斗仓、筒仓、细柱等）	50～70
配筋特密的结构	70～90

3. 影响混凝土拌合物和易性的主要因素

在混凝土拌合物中，单位体积用水量决定水泥浆的数量和稠度，是影响混凝土和易性的最主要因素。

（1）水泥浆数量。水胶比是指混凝土中水的用量与水泥用量的质量比值。在水胶比一定时，增加水泥浆数量，拌合物的流动性就

微课：影响混凝土
拌合物和易性
的主要因素

随之增加。若水泥浆过多，超过骨料表面的包裹限度，就会出现流浆现象，这既浪费水泥又容易产生离析现象；如水泥浆过少，达不到包裹骨料表面和填充空隙的目的，使黏聚性变差，流动性低，不仅产生崩塌现象，还会使混凝土产生蜂窝、麻面、孔洞等现象，将严重降低混凝土强度和耐久性，如图 4-24 所示。

(a)   (b)

图 4-24　水泥浆数量对拌合物和易性的影响

(a) 水泥浆过多产生离析现象；(b) 水泥浆过少产生蜂窝、麻面、孔洞

（2）水泥浆稠度。水胶比的大小反映水泥浆的稠度。当水泥浆与骨料的比例不变时，W/B 越小，水泥浆越稠，拌合物的流动性越小。

当水胶比过小时，水泥浆过于干稠，拌合物的流动性过低，施工困难，不易保证混凝土的质量，如图 4-25 所示。

当水胶比过大时，将破坏拌合物的黏聚性和保水性，会产生流浆、离析现象，降低混凝土的强度，如图 4-26 所示。

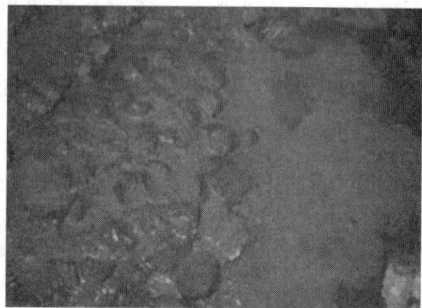

图 4-25　水胶比过小　　　　　　　　**图 4-26　水胶比过大**

通常水胶比在 $0.40 \sim 0.70$，并尽量选用小的水胶比。

（3）砂率。砂率是指混凝土拌合物中砂、石之间的组合关系，即砂的质量占砂、石总质量的百分率。

当砂率过大时，即石子用量过少，砂子用量过多，此时骨料的总表面积过大，在水泥浆数量不变的情况下，水泥浆就不够用了，因此减弱了水泥浆的润滑作用，导致混凝土拌合物的流动性降低。

当砂率过小时，即石子用量过大，砂子用量过少，水泥砂浆的数量不足以填充石子的空隙，在石子之间没有足够的砂浆层，减弱了水泥砂浆的润滑作用，不但会降低混凝土拌合物的流动性，而且会严重影响其黏聚性和保水性，容易产生离析现象。这时就需要一个合理砂率，如图 4-27 所示，合理砂率就是在用水量及水泥用量一定的条件下，使混凝土拌合物获得最大的流动性，并保持良好的黏聚性和保水性；或在保证良好和易性的同时，水泥用量最少。此时的砂率值称为合理砂率，合理砂率一般通过试验确定。

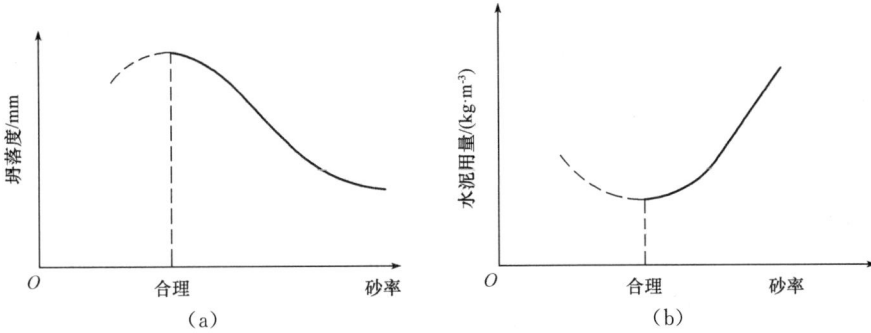

图 4-27　合理砂率

（4）组成材料性质。混凝土各组成材料的性质均会对其和易性产生影响。

1）水泥品种的影响。不同品种的水泥标准稠度用水量不同，在配制混凝土时，各材料用量相同的情况下，水泥品种不同，得到的混凝土的流动性就会不同。

2）骨料颗粒形状及表面特征的影响。碎石具有棱角，表面粗糙，而卵石多为圆形，表面光滑，在水泥用量和用水量相同的情况下，碎石拌制的混凝土流动性较差，而卵石拌制的混凝土则流动性较好。

3）外加剂与掺合料的影响。加入适宜品种和剂量的外加剂与掺合料，可以明显改善混凝土的和易性。例如，加入减水剂、引气剂等外加剂，可以在不增加用水的情况下，明显提高混凝土的流动性。或在维持混凝土坍落度基本不变的条件下，减少拌合用水量，从而节约水泥。混凝土加入粉煤灰、粒化高炉矿渣粉等掺合料也可以在一定程度上增加混凝土的流动性。

（5）环境条件。时间、温度、湿度、风速等环境条件均会对混凝土拌合物的和易性产生影响。具体体现：水泥的水化反应使新拌混凝土内部的水分逐渐减少，随着时间的延长流动性会越来越小。同时，施工现场周围环境温度的升高、湿度的降低、风的影响都会使水分的蒸发加剧，混凝土的初始流动性减小，坍落度损失会加快。

4. 改善和易性的主要措施

在工程实践中，可以通过以下措施改善混凝土拌合物的和易性：

（1）当混凝土拌合物坍落度太小时，可以保持水胶比不变，适当增加水泥浆的用量；当坍落度太大时，保持砂率不变，调整砂石用量。

（2）通过试验，采用合理砂率。

（3）改善砂石的级配，一般情况下尽可能采用连续级配。

（4）适当掺入减水剂、引气剂、缓凝剂等外加剂，可有效改善混凝土拌合物的和易性。

（5）根据具体环境条件，尽可能缩短新拌混凝土的运输时间，也可掺入缓凝剂，以减少坍落度损失。

二、混凝土的强度

硬化后的混凝土作为主要承重材料，应具有设计要求的力学性能，以满足工程的使用要求，强度是混凝土硬化后最重要的力学性能指标。

1. 混凝土强度的概念

混凝土强度是指混凝土抵抗压、拉、弯、剪等各种应力作用的能力。

微课：混凝土的强度

混凝土的强度包括抗压强度、抗拉强度、抗弯强度、抗剪强度、抗折强度、握裹强度等。其中以抗压强度最大，抗拉强度最小，故混凝土主要用于承受压力。通常以混凝土的抗压强度作为其力学性能的总指标。混凝土的抗压强度常常简称为混凝土的强度。

2. 混凝土立方体抗压强度

（1）混凝土立方体抗压强度的测定方法。如图 4-28 所示，按《混凝土物理力学性能试验方法标准》（GB/T 50081—2019）的规定，制作边长为 150 mm 的立方体试件，在标准条件下，养护到 28 d 龄期，测得的抗压强度值为混凝土立方体试件抗压强度，以 f_{cu} 表示，单位为 MPa。

（a）　　　　　　　（b）　　　　　　　　（c）

图 4-28　混凝土立方体抗压强度的测定方法
（a）混凝土试模；（b）立方体试件制作；（c）养护室

（2）混凝土立方体抗压强度标准值。混凝土立方体抗压强度标准值是指按标准方法测得的混凝土立方体抗压强度总体分布中具有不低于 95% 保证率的抗压强度值，以 $f_{cu,k}$ 表示。

（3）混凝土强度等级。混凝土强度等级是按混凝土立方体抗压强度标准值来划分的，采用符号 C 与立方体抗压强度标准值表示。普通混凝土划分为 C20、C25、C30、C35、C40、C45、C50、C55、C60、C65、C70、C75、C80 共计 13 个等级。如 C30 表示混凝土立方体抗压强度标准值 $f_{cu,k}$ 大于等于 30 MPa，小于 35 MPa。

混凝土强度等级是混凝土结构设计、施工质量控制和工程验收的重要依据。

3. 混凝土轴心抗压强度

如图 4-29 所示，在实际工程中，大部分受压构件（如柱、墙）都是棱柱体形式。混凝土的轴心抗压强度 f_c 是采用 150 mm×150 mm×300 mm 的棱柱体作为标准试件，测得的抗压强度。

图 4-29　混凝土棱柱体标准试件

轴心抗压强度 f_c 与立方体抗压强度 f_{cu} 之间具有一定的关系。试验表明，立方体抗压强度在 $10\sim55$ MPa 的范围内，混凝土轴心抗压强度为立方体抗压强度的 $0.70\sim0.80$ 倍。

在结构设计中，混凝土受压构件的计算采用混凝土的轴心抗压强度，更加符合工程实际。

4. 混凝土抗拉强度

我国采用立方体的劈裂抗拉试验来测定混凝土的劈裂抗拉强度 f_{ts}，如图 4-30 所示，在边长为 150 mm 立方体试件的上、下支承面与压力机压板之间加一条垫条，造成试件沿立方体中心切面的劈裂破坏，将劈裂时的力值 f_{ts} 进行换算即可得到混凝土的轴心抗拉强度 f_{tk}。混凝土抗拉强度只有抗压强度的 $1/20\sim1/10$，且随着混凝土强度等级的提高，比值有所降低。

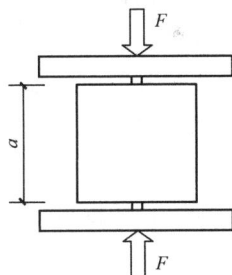

（a）　　　　　　　　　　　（b）

图 4-30　混凝土的劈裂抗拉试

（a）劈裂抗拉试验；（b）劈裂抗拉试验示意

在结构设计中，抗拉强度是确定混凝土抗裂度的重要指标，有时也用它来间接衡量混凝土与钢筋的黏结强度，即握裹强度。

5. 影响混凝土强度的主要因素

混凝土强度是混凝土最重要的力学性能指标，对保障工程质量与安全至关重要。在工程实践中，只有充分考虑到混凝土强度

微课：影响的混凝土
强度的主要因素

的影响因素，才能确保硬化后的混凝土达到设计要求的强度。

（1）原材料方面的影响因素。

1）水泥强度与水胶比。水泥强度等级和水胶比是影响混凝土强度的主要因素。

大量的试验和工程实践证明，混凝土 28 d 期龄的抗压强度与水泥实际强度、胶水比的关系可由经验公式说明：

$$f_{cu} = Af_{ce}(B/W - B) \tag{4-2}$$

式中　f_{cu}——混凝土 28 d 立方体抗压强度（MPa）；

　　　f_{ce}——水泥 28 d 抗压强度实测值（MPa）；

　　　B/W——混凝土胶水比；

　　　A、B——与粗骨料相关的系数，当采用碎石时，$A = 0.53$、$B = 0.20$；当采用卵石时，$A = 0.49$、$B = 0.13$。

通过式（4-2）可以看出，在其他条件不变的情况下，水泥实际强度越高，混凝土的强度越高；水胶比数值越大，混凝土的强度越高。

2）粗骨料的种类与质量。

①粗骨料种类方面。配制混凝土所用粗骨料有碎石和卵石两种类型。碎石表面粗糙，多棱角，与水泥浆的粘结力较好；卵石表面光滑，与水泥石粘结力较弱。所以，在水泥强度等级、水泥用量，以及水胶比等条件不变的情况下，碎石混凝土的强度要高于卵石混凝土的强度。

②粗骨料质量方面。当粗骨料中含有一定数量的软弱颗粒和针、片状颗粒及风化的岩石时，将会降低混凝土的强度。

3）外加剂与掺合料。

①外加剂方面。混凝土外加剂的应用促进了混凝土技术的飞跃发展，常用的减水剂、早强剂、缓凝剂和引气剂都会对混凝土强度产生影响。

以减水剂为例，当加入减水剂后，混凝土用水量大大降低，孔隙减少，从而增强混凝土的密实性，提高了强度。

②掺合料方面。用于混凝土的掺合料绝大多数是具有一定活性的固体工业废渣。如粉煤灰、粒化高炉矿渣、硅灰等。

以粉煤灰为例，粉煤灰中含有的活性成分，与水泥水化产生的 $Ca(OH)_2$ 反应，生成类似水泥水化产物的物质，可作为胶凝材料的一部分而起到提高强度的作用。

（2）生产工艺方面的影响因素。

1）搅拌与振捣。搅拌与振捣是混凝土工程生产工艺的重要环节，在很大程度上影响着混凝土的质量。

①搅拌是影响混凝土均匀性的决定性因素，只有做到搅拌均匀，水泥的胶结作用才会充分发挥，硬化后混凝土的强度也才能得到保障。

②振捣能使混凝土拌合物均匀密实的填充到模板内各个角落，并排除混凝土内的气泡，提高密实性。避免硬化后的混凝土出现蜂窝、麻面、孔洞等缺陷，从而保证混凝土硬化后的强度。

2）养护的温度和湿度。混凝土的强度是在一定的湿度、温度的条件下，通过水泥的水化反应而逐步发展起来的。

①温度方面。如图 4-31 所示，当混凝土所处环境温度较高时，水泥水化反应加快进行，混凝土强度发展较快。反之，温度较低时，混凝土强度发展就较慢。温度降至 0 ℃以下，混凝土强度中止发展，甚至因受冻而被破坏。

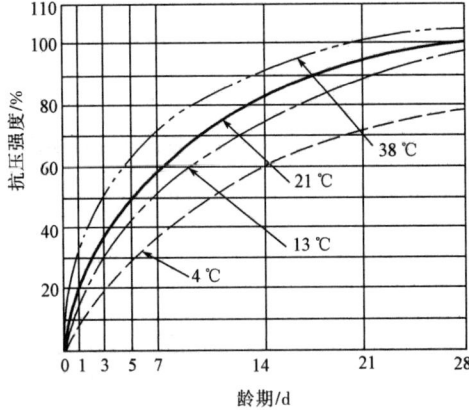

图 4-31　温度的影响

②湿度方面。如图 4-32 所示，当混凝土所处环境干燥或有风时，将造成混凝土失水，如不能保持潮湿状态，水泥水化作用不能充分完成，导致强度停止发展严重影响混凝土强度和耐久性；反之，如能长期保持潮湿状态，水泥水化作用充分进行，混凝土的强度也会持续发展。因此，为了保证浇筑后的混凝土能正常凝结、硬化，应对混凝土进行保温、保湿养护，以利于混凝土强度的增长。

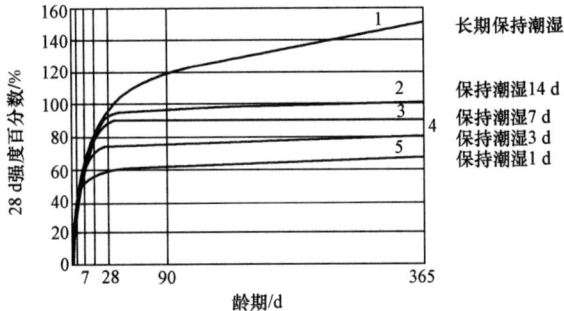

图 4-32　湿度的影响

3）龄期。混凝土在正常养护条件下，其强度随龄期增长而提高。如图 4-32 所示，一般在开始的 7～14 d 强度发展较快，以后则发展较慢，28 d 可以达到设计强度等级，此后强度增加更为缓慢，但可以延续数十年之久。

混凝土强度的发展大致与龄期的对数成正比，可按下式计算：

$$f_n/f_{28} = \lg n/\lg 28 \tag{4-3}$$

式中　f_n——n d 龄期混凝土的抗压强度（MPa）；

f_{28}——28 d龄期混凝土的抗压强度（MPa）；

n——养护龄期（d），$n \geqslant 3$。

（3）试验条件方面的影响因素。大量试验表明，混凝土试件在不同尺寸、形状、表面状态和加载速率情况下，其抗压强度测试值也会有所不同。注意：是"测试值"。其具体影响如下：

1）试件的尺寸方面。实践证明试件的尺寸越大，测得的强度越低，原因是大试件内部缺陷存在的概率增大，以及环箍效应的影响减小引起的。混凝土试块尺寸与立方体抗压强度换算系数见表4-7。

表4-7　混凝土试块尺寸与立方体抗压强度换算系数

试件种类	试件尺寸/mm	换算系数
标准试件	150×150×150	1.00
非标准试件	100×100×100	0.95
	200×200×200	1.05

2）试件的形状方面。对棱柱体来说，由于消除了环箍效应的影响，其轴心抗压强度比立方体抗压强度略低。

3）试件表面状态方面。当混凝土试件受压面上有油脂类润滑物质存在时，环箍效应影响减小，试件将垂直开裂，测得的强度值略低。

4）试验加载速率方面。试件的破坏是当变形达到一定程度时才发生的。当加载速率较快时，材料变形的增长落后于荷载的增加，抗压强度测试值会偏高。

6. 提高混凝土强度的措施

依据上述混凝土强度的影响因素，在工程实践中总结出以下提高混凝土强度的具体措施：

（1）采用高强度等级水泥、碎石等原材料。

（2）尽量采用较小的水胶比或干硬性混凝土。

（3）掺入能提高强度的外加剂和掺合料。

（4）采用机械搅拌和机械振捣的施工方法。

（5）采用蒸汽或蒸压等湿热养护方式。

三、混凝土的耐久性

1. 混凝土耐久性的概念

混凝土的耐久性是指混凝土抵抗环境介质作用并长期保持其良好使用性能和外观完整性的能力。

耐久性是一个综合性概念，包括抗渗、抗冻、抗侵蚀、碳化、碱骨料反应等性能，这些性能均决定着混凝土经久耐用的程度。混凝土构件所处环境不同，对其耐久性的要求也不同。例如，与水接触且遭受冰冻作用的混凝土，要求有较高的抗渗性和抗冻性；受海水、地下

微课：混凝土的耐久性

水或强碱作用的混凝土则要求具有较高的抗侵蚀性。

2. 混凝土耐久性的主要指标

（1）抗渗性。混凝土的抗渗性是指混凝土抵抗压力水渗透的性能。它直接影响到混凝土的抗冻性和抗侵蚀性，是混凝土最重要的耐久性指标。

混凝土的抗渗性主要与混凝土的孔隙率、孔隙构造有关。混凝土浇筑时，由于振捣不密实会产生蜂窝、孔洞以及内部孔隙，在压力水作用下，孔隙互相连通，就会造成混凝土抗渗性不良。

混凝土的抗渗性用抗渗等级表示，抗渗等级以 28 d 龄期的标准试件，按标准试验方法（图 4-33）进行试验时所能承受的最大水压力来确定。其可分为 P4、P6、P8、P10、P12、＞P12 共六个等级。如 P4 表示混凝土能抵抗 0.4 MPa 的水压力而渗漏。

一般将抗渗等级≥P6 的混凝土称为抗渗混凝土。

（a）　　　　　　　　　（b）　　　　　　　　　（c）

图 4-33　混凝土的抗渗性试验方法

（a）混凝土抗渗试验机；（b）抗渗试件；（c）抗渗试验结果

（2）抗冻性。混凝土的抗冻性是指混凝土在水饱和状态下，能经受多次冻融循环作用而不破坏，强度也不显著降低的性质。

混凝土的孔隙率、孔隙构造，水泥品种、水泥强度等级、水胶比都是影响抗冻性的因素。在冻融循环过程中，混凝土孔隙中水结冰后发生体积膨胀，当膨胀力超过其抗拉强度时，就会使混凝土产生微细裂缝，反复冻融使裂缝不断扩展，导致混凝土强度降低直至破坏，如图 4-34 所示。

图 4-34　混凝土抗冻试验结果

混凝土的抗冻性用抗冻等级表示，抗冻等级是采用龄期 28 d 的试块在吸水饱和后，承受反复冻融循环，以抗压强度下降不超过 25％，质量损失不超过 5％时所能承受的最大冻融循环次数来确定。其分为 F50、F100、F150、F200、F250、F300、F350、F400、≥F400 共九个等级。如 F50 代表混凝土能够承受反复冻融循环次数为 50 次。

抗冻等级≥F50 的混凝土称为抗冻混凝土。

（3）抗侵蚀性。混凝土的抗侵蚀性是指混凝土抵抗外界侵蚀性介质破坏作用的能力。侵蚀性介质包括软水、硫酸盐、氯盐、碳酸盐、一般酸、强碱、海水等。

在环境侵蚀性介质作用下，混凝土的破坏过程可概括为两种变化：一是减少组分，即混凝土中的某些组分直接被溶解或经过分解后溶解；二是增加组分，即侵蚀性介质中的某些物质进入混凝土中产生物理化学变化，生成新的产物并发生结晶膨胀。上述组分的增减使混凝土体积不稳定，导致混凝土被破坏。

混凝土的抗侵蚀性取决于水泥的品种，混凝土的孔隙率、孔隙构造。

（4）混凝土的碳化。混凝土的碳化是空气中 CO_2 气体通过硬化混凝土孔隙渗透到混凝土内，与其碱性物质发生化学反应后生成碳酸盐（$CaCO_3$）和水，使混凝土碱性降低的过程，又称为中性化。

经过碳化，混凝土的碱度降低，削弱了对钢筋的保护作用，可能导致钢筋锈蚀。同时，碳化过程显著增加了混凝土的收缩，使混凝土可能产生细微裂缝，而使混凝土抗拉强度、抗折强度降低。碳化作用是一个由表及里、逐步扩散深入的过程，如图4-35 所示。

混凝土的碳化与水泥品种、水胶比，环境中 CO_2 的浓度、环境湿度、渗透水中是否存在影响 $Ca(OH)_2$ 溶解度的物质等因素有关。

图 4-35　混凝土的碳化

（5）碱骨料反应。碱骨料反应是指水泥中的碱性氧化物含量较高时，会与骨料中所含的二氧化硅发生化学反应，并在骨料表面生成碱-硅酸凝胶，吸水后会产生较大的体积膨胀，导致混凝土胀裂现象，如图4-36 所示。

吸水后的碱-硅酸凝胶体积最大可增加 3 倍以上，大量凝胶在混凝土骨料表面区的积聚、膨胀，导致混凝土沿着骨料表面产生不均匀膨胀、开裂。碱骨料反应对混凝土的危害是个长期的过程，一般发生在混凝土浇筑成型后数年甚至二、三十年间逐渐反应。

混凝土中的碱含量、骨料中的活性二氧化硅含量、环境湿度是决定是否发生碱骨料反应的关键因素。

图 4-36　混凝土碱骨料反应

3. 提高混凝土耐久性的技术措施

依据上述混凝土耐久性指标的影响因素，在工程实践中总结出以下提高混凝土耐久性的具体措施：

（1）合理选用水泥品种。水泥从化学性质来看，有的呈酸性，有的呈碱性，合理选用水泥品种，可以避免人为的中和反应和碳化反应，这对于混凝土的抗侵蚀性和抗碳化有利。

（2）合理选用砂石骨料。拌制混凝土时，应选用杂质少，且级配良好的粗细骨料，并尽量采用合理砂率，确保混凝土的密实度。

（3）严格控制水胶比，保证足够的水泥用量。在配制混凝土时，控制混凝土的最大水胶比和确保最小水泥用量，是保证混凝土凝结、硬化后密实成型的关键。

（4）掺入减水剂、引气剂等外加剂。在混凝土中掺入适量的减水剂，可以减少用水量，有利于提高混凝土的密实度，掺入少量的引气剂可以改善混凝土内部孔隙结构，从而提高混凝土的抗渗性和抗冻性。

（5）掺入高效活性矿物掺合料。掺入活性矿物掺合料可以改善混凝土中水泥石的胶凝物质的组成，使水泥石结构更为致密，并阻断可能形成的透水通道。

（6）完善施工工艺，提高混凝土的密实度。在混凝土工程施工过程中，根据工程特点和施工环境，合理选用搅拌、运输、浇筑、振捣、养护等工序的施工方法，切实提高混凝土密实度。

模块小结

本模块主要讲解混凝土这一重要建筑材料。通过本模块的学习，学生应了解混凝土的特点和分类，掌握混凝土各种原材料的特性及其质量对混凝土性能的影响。掌握混凝土拌合物的和易性、强度、耐久性的评价指标及检测方法，掌握混凝土各种性能的影响因素及改善措施，为今后在建筑工程领域中更好地选用、制备、检测混凝土奠定坚实的基础。

一、单选题

1. 按使用功能分类的混凝土是（　　）。
   A. 现浇混凝土　　　　　　　　　　B. 防射线混凝土
   C. 预制混凝土　　　　　　　　　　D. 泵送混凝土

2. 粗骨料片状颗粒是指厚度小于平均粒径（　　）倍的卵石、碎石颗粒。
   A. 0.2　　　　　　B. 0.3　　　　　　C. 0.4　　　　　　D. 0.5

3. 对于高强度混凝土，粗骨料的最大公称粒径不宜大于（　　）mm。
   A. 25　　　　　　B. 31.5　　　　　　C. 40　　　　　　D. 50

4. 以下属于非活性矿物掺合料的是（　　）。
   A. 硅粉　　　　　　B. 磨细石英砂　　　　C. 火山灰质材料　　　D. 粉煤灰

二、多选题

1. 适用于拌制和养护混凝土用水的有（　　）。
   A. 饮用水　　　　　　　　　　　　B. 地表水
   C. 地下水　　　　　　　　　　　　D. 处置后的工业废水

2. 按表观密度分类，混凝土可分为（　　）。
   A. 重混凝土　　　　B. 普通混凝土　　　　C. 多孔混凝土　　　　D. 轻混凝土

三、判断题

1. 试验条件不同，混凝土抗压强度也会有所不同。　　　　　　　　　　　（　　）
2. 混凝土的碳化作用是一个由里及表、逐步扩散的过程。　　　　　　　　（　　）
3. 在满足施工操作及混凝土成型密实的前提下，尽可能选用较小的坍落度。
   　　　　　　　　　　　　　　　　　　　　　　　　　　　　　　　　（　　）
4. 材料用量相同的情况下，碎石拌制的混凝土比卵石拌制的混凝土流动性较差。
   　　　　　　　　　　　　　　　　　　　　　　　　　　　　　　　　（　　）

四、讨论题

1. 简要说明对混凝土的基本要求。
2. 砂率如何影响混凝土拌合物的和易性？
3. 列举提高混凝土强度的技术措施。

模块五

建筑钢材进场检验

知识目标

1. 掌握建筑钢材的种类、特点和用途。

2. 了解建筑钢材与钢筋的锈蚀。

3. 了解钢材化学成分对钢材性能的影响。

能力目标

1. 能够合理选用建筑钢材。

2. 能够完成建筑钢材的进场验收。

3. 能够完成钢材的性能检测。

素养目标

1. 具备较高的职业素养与良好的职业认同感。

2. 具备执着专注、精益求精、一丝不苟、追求卓越的工匠精神。

3. 具备崇尚劳动、热爱劳动、辛勤劳动、诚实劳动的精神。

4. 培养团队合作意识，具备团队协作能力。

单元一　钢筋的冶炼和分类

一、　钢材的冶炼

1. 建筑钢材

建筑钢材是主要的建筑材料之一，是指用于建筑工程中的各种钢板、型钢、钢筋、钢丝等，如图5-1所示。

微课：钢材的冶炼

图 5-1 常用的建筑钢材

(a) 钢丝；(b) 钢筋；(c) 钢绞线

与非金属材料相比，建筑钢材具有品质均匀致密、强度和硬度高、塑性和韧性好、能经受冲击和振动荷载等优点。建筑钢材还具有优良的加工性能，可以锻压、焊接、铆接和切割，便于装配。

使用各种型钢和钢板制作的钢结构，具有强度高、自重轻等特点，适用于大跨度结构、多层及高层结构、受动力荷载的结构和重型工业厂房结构等。其主要缺点是易锈蚀、维护费用大、耐火性差、生产能耗大。建筑钢材的应用如图 5-2 所示。

图 5-2 建筑钢材的应用

(a) 体育场；(b) 跨海大桥；(c) 超高层建筑

2. 钢材的冶炼

钢是由生铁冶炼而成的。其冶炼过程：将铁矿石、溶剂（石灰石）、燃料（焦炭）置于高炉中，约在 1 750 ℃高温下，石灰石与铁矿石中的硅、锰、硫、磷等经过化学反应，生成铁渣，浮于铁水表面，铁渣和铁水分别从出渣口和出铁口放出，铁渣排出时用水急速冷却，得到水淬矿渣，排出的生铁中含有碳、硫、磷、锰等杂质。生铁可分为炼钢生铁和铸造生铁。生铁硬度、脆性大，无可塑性，韧性差，无法进行焊接、锻造、轧制，如图 5-3 所示。

图 5-3 钢材的冶炼

(a) 高炉炼钢；(b) 钢材冶炼

炼钢的过程就是将生铁进行精炼，使碳的含量降低到一定的限度，同时将其他杂质的含量也降低到允许范围内，所以，在理论上凡含碳量在2%以下，含有害杂质较少的Fe—C合金均可称为钢。

根据炼钢设备的不同，常用的炼钢方法有转炉法（图5-4）、平炉法（图5-5）、电炉法（图5-6）。

图5-4　转炉法　　　　　　图5-5　平炉法　　　　　　图5-6　电炉法

转炉炼钢法又可分为空气转炉炼钢法和氧气转炉炼钢法。

（1）空气转炉炼钢法。空气转炉炼钢法是以熔融状态的铁水为原料，在转炉底部或侧面吹入高压空气，使杂质在空气中氧化而被除去，如图5-7所示。

图5-7　空气转炉炼钢法

1）空气转炉炼钢法的缺点如下：

①在吹炼过程中，容易混入空气中的氮、氢等有害气体，且熔炼时间短，化学成分难以精确控制。

②钢的质量较差。

2）空气转炉炼钢法的优点：成本较低，生产效率高。

（2）氧气转炉炼钢法。氧气转炉炼钢法是以熔融铁水为原料，用纯氧代替空气，由炉顶向炉内吹入高压氧气，能有效地去除磷、硫等杂质，使钢的质量显著提高，而成本却较低，如图5-8所示。

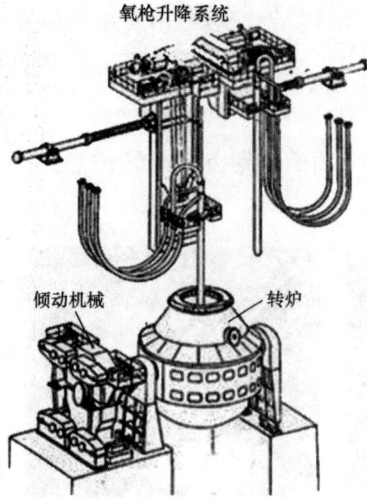

图 5-8　氧气转炉炼钢法

氧气转炉炼钢法是现代炼钢的主要方法，常用来炼制优质碳素钢和合金钢。

（3）平炉炼钢法。平炉炼钢法以固体或液体生铁、铁矿石或废钢作为原料，用煤气或重油为燃料进行冶炼，平炉钢由于熔炼时间长，因此具有化学成分可以精确控制，杂质含量少，成品质量高的优点；缺点是能耗大，成本高，冶炼周期长，如图 5-9 所示。

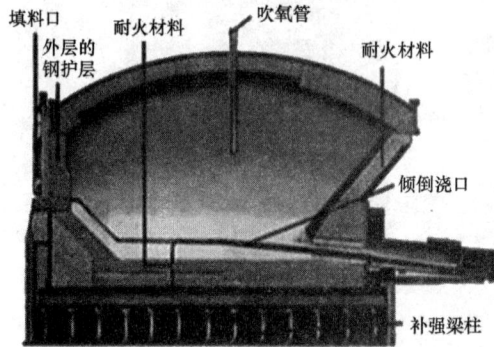

图 5-9　平炉炼钢法

（4）电炉炼钢法。电炉炼钢法主要利用电弧热，在电弧作用区，温度高达 4 000 ℃。冶炼过程一般可分为熔化期、氧化期和还原期。在炉内不仅能造成氧化气氛，还能造成还原气氛，因此，脱磷、脱硫的效率很高。电炉炼钢法是以生铁或废钢为原料，根据电—热转化方式可分为电弧炉、电阻炉和感应炉。电炉炼钢法熔炼温度高，而且温度可以调节，容易清除杂质，因此，电炉钢的质量最好，但成本高，主要用于冶炼优质碳素钢及特殊合金钢，如图 5-10 所示。

图 5-10   电炉炼钢法

二、钢材的分类

1. 按化学成分分类

钢材按化学成分可分为碳素钢和合金钢。

(1) 碳素钢。含碳量为 0.02%～2.06% 的铁碳合金称为碳素钢，也称为碳钢。其主要成分是铁和碳，还有少量的硅、锰、磷、硫、氧、氮等。

微课：钢材的
分类

1) 低碳钢，含碳量<0.25%。

2) 中碳钢，含碳量为 0.25%～0.6%。

3) 高碳钢，含碳量>0.6%。

(2) 合金钢。合金钢是碳素钢中加入一定的合金元素的钢。钢中除含有铁、碳和少量不可避免的硅、锰、磷、硫外，还会加入一定量的硅、锰、钛、矾、铬、镍、硼等中的一种或多种合金元素。其目的是改善钢的性能或使其获得某些特殊性能。

1) 低合金钢，合金元素总量<5%。

2) 中合金钢，合金元素总量为 5%～10%。

3) 高合金钢，合金元素总量>10%。

2. 按冶炼时脱氧程度分类

钢材按冶炼时脱氧程度可分为沸腾钢、镇静钢、特殊镇静钢。

(1) 沸腾钢。沸腾钢是脱氧不充分的钢。脱氧后钢液中还剩余一定数量的氧化铁，氧化铁和碳继续作用，放出一氧化碳气体，因此，钢液在钢锭模内呈沸腾状态。

优点：钢锭无缩孔，轧成的钢材表面质量和加工性能好，成品率高，成本低。

缺点：化学成分不均匀，易偏析，抗侵蚀性、冲击韧性和可焊性较差。

沸腾钢常用于一般建筑工程。

(2) 镇静钢。镇静钢是脱氧充分的钢，由于钢液中氧气已经很少，因此当钢铁浇筑后在锭模内呈静止状态。

优点：化学成分均匀、力学性能稳定，焊接性能和可塑性较好，抗侵蚀性比较强。

缺点：钢锭中有缩孔，成材率低。

镇静钢多用于承受冲击荷载及其他重要的结构上。

（3）特殊镇静钢。特殊镇静钢是比镇静钢脱氧程度还要充分彻底的钢，质量较好，使用于特殊重要的结构工程。

3. 按用途分类

钢材按用途可分为结构用钢、工具用钢、特殊钢。

（1）结构用钢。结构用钢用于制造各种工程的构件和机械零件，如图 5-11 所示。这类钢一般属于低碳钢和中碳钢。

图 5-11　结构用钢

（a）钢结构；（b）螺栓；（c）齿轮；（d）轴承

（2）工具用钢。工具用钢用于制造各种刀具、量具、模具等，如图 5-12 所示。这类钢含碳量较高，一般属于高碳钢。

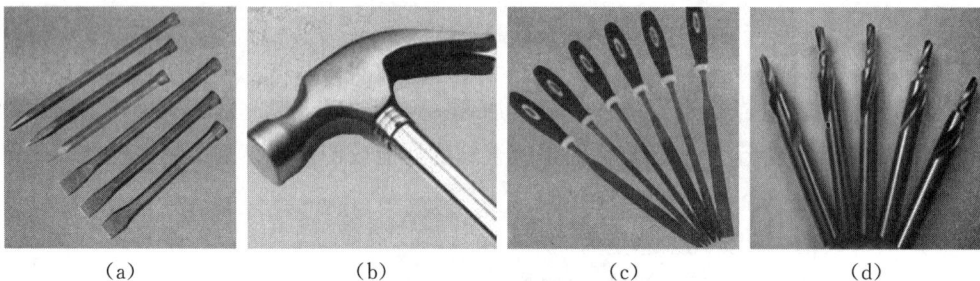

图 5-12　工具用钢

（a）凿子；（b）锤子；（c）螺钉旋具；（d）钻头

（3）特殊钢。特殊钢是具有特殊用途或具有特殊的物理、化学性能的钢，如不锈耐酸钢、耐热钢和低温钢等，如图 5-13 所示。

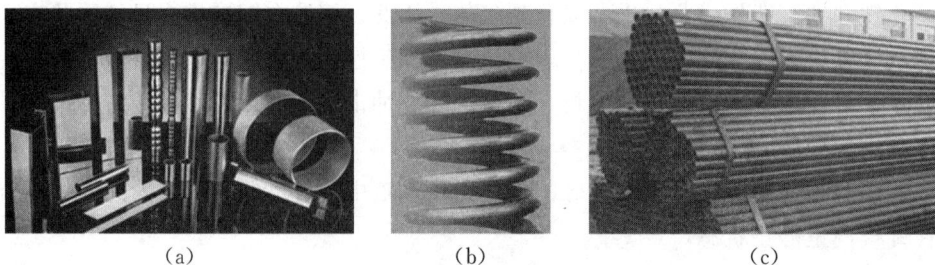

图 5-13　特殊钢

（a）不锈耐酸钢；（b）耐热钢；（c）低温钢

4. 按品质分类

钢材按品质可分为普通钢（图 5-14）、优质钢（图 5-15）、高级优质钢、特级优质钢。

（1）普通钢：含硫量≤0.045%；含磷量≤0.045%。

（2）优质钢：含硫量≤0.035%；含磷量≤0.035%。

（3）高级优质钢：含硫量≤0.025%；含磷量≤0.025%。

（4）特级优质钢：含硫量≤0.015%；含磷量≤0.025%。

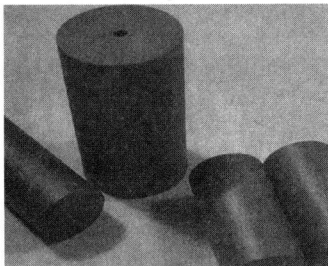

图 5-14 普通钢

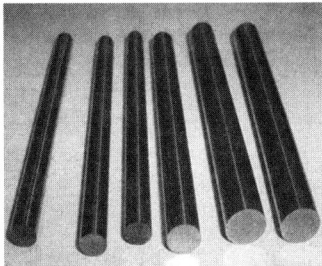

图 5-15 优质钢

目前，在建筑工程中常用的钢种是普通碳素钢和合金钢中的普通低合金钢。

单元二 钢材的主要技术性能

一、钢材的抗拉性能

建筑工程用钢的技术性能主要有力学性能和工艺性能。其中，力学性能是钢材最重要的使用性能，包括拉伸性能、冲击韧性、硬度、耐疲劳性能等。工艺性能表示钢材在各种加工过程中的行为，包括冷弯性能和焊接性能等。

微课：钢材的
抗拉性能

1. 拉伸性能

钢材有较高的抗拉性能，是建筑工程用钢的重要性能。由拉伸试件测得的屈服点、抗拉强度和伸长率是钢材的重要技术指标，如图 5-16 所示。

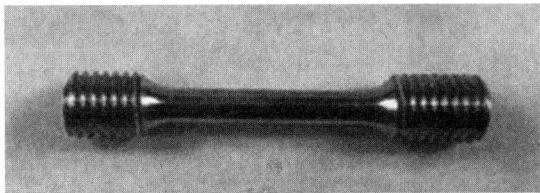

图 5-16 碳素钢

根据低碳钢受拉时的应力—应变曲线（图 5-17），抗拉性能具有下列特征。

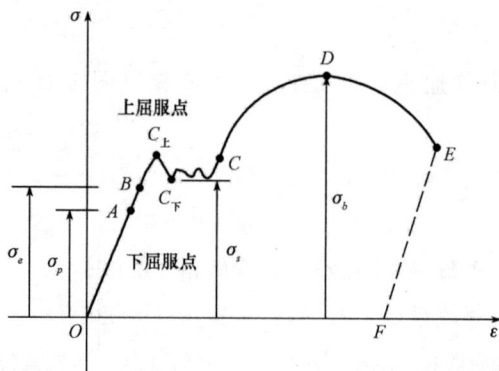

图 5-17 应力—应变曲线

低碳钢受拉时的应力—应变曲线分为四个阶段，即弹性阶段、屈服阶段、强化阶段、颈缩阶段。

（1）弹性阶段。如图 5-17 所示，OA 段是直线，应力与应变在此段呈正比关系，材料符合胡克定律，直线 OA 的斜率就是材料的弹性模量 σ_e，直线部分最高点所对应的应力值 σ_p 称为材料的比例极限。弹性模量反映了钢材抵抗变形的能力，是钢材在受力条件下计算结构变形的重要指标。曲线超过 A 点，图上 AB 段已不再是直线，说明材料已经不符合胡克定律，但在 AB 段内取消荷载，钢材变形也会随之消失，说明 AB 段也发生的是弹性变形。B 点所对应的应力值记作 σ_e，称为材料的弹性极限。

弹性极限与比例极限非常接近，工程中通常对两者不做严格区分，而近似的用比例极限代替弹性极限。

（2）屈服阶段。如图 5-17 所示，曲线超过 B 点后，出现了一段锯齿形曲线，这一阶段应力没有增加，但是应变依然在增加，材料好像失去了抵抗变形的能力，这种应力不增加而应变显著增加的现象称为屈服，BC 段称为屈服阶段，屈服阶段曲线最低点所对应的应力 σ_s 称为屈服点，也称为屈服强度。在屈服阶段撤去荷载，塑性变形将不会消失，工程上，一般不允许构件发生塑性变形，并将塑性变形作为塑性材料被破坏的标志，所以，屈服点 σ_s 是衡量材料强度的一个重要指标。

有些钢材如高碳钢，无明显的屈服现象，通常以发生微量的塑性变形的应力作为该钢材的屈服强度。

（3）强化阶段。如图 5-17 所示，经过屈服阶段后，曲线从 C 点又开始逐渐上升，说明要使应变增加，必须增加应力，材料又恢复了抵抗变形的能力，这种现象称为强化，CD 段称为强化阶段。曲线最高点所对应的应力值记作 σ_b 称为材料的抗拉强度，也称为强度极限，它是衡量材料强度的又一个重要指标。

建筑设计中抗拉强度不能直接利用，但屈强比 σ_s/σ_b，即屈服强度和抗拉强度之比却能反映钢材的利用率和结构的安全可靠性，屈强比越小，反映钢材受力超过屈服点工作时的可靠性越大，因而结构的安全性越高，但屈强比过小，则反映刚才不能有效的被利用，造成钢材浪费。建筑结构钢合理的屈强比一般为 0.6～0.75。

（4）颈缩阶段。如图 5-17 所示，曲线达到 D 点前，试件的变形是均匀发生的，曲线达到 D 点后，在试件比较薄弱的某一局部，变形显著增加，有效横截面面积急剧减小，出现了颈缩现象，试件很快被拉断，所以，DE 段称为颈缩阶段。

如图 5-18 所示，标距为 L_0 的标准钢材试件，受力拉断后其标距范围内的长度为 L_1，则伸长率 δ 按下式计算：

$$\delta = (L_1 - L_0)/L_0 \times 100\% \tag{5-1}$$

式中 L_1——试件拉断后标距间的长度（mm）；

L_0——试件的原标距长度（mm）。

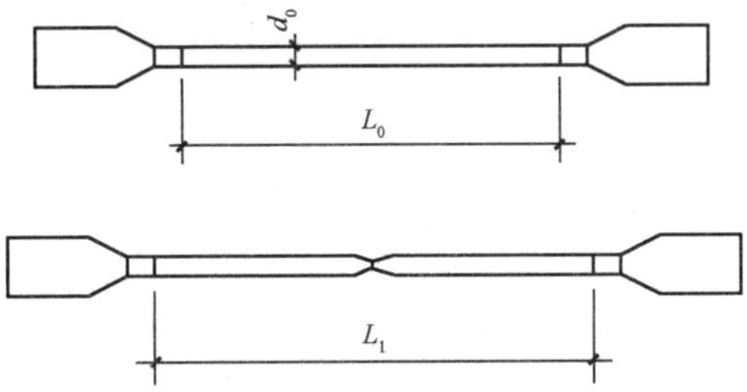

图 5-18   伸长率

2. 钢材的其他力学性能

（1）冲击韧性。冲击韧性是钢材抵抗冲击荷载的能力，钢材的冲击韧性，用试件冲断时单位面积上所吸收的能量来表示，如图 5-19 所示。

图 5-19   冲击韧性

微课：钢材的
其他力学性能

工程上，常用一次摆锤冲击弯曲试验来测定材料抵抗冲击荷载的能力，即测定冲击荷载试样被折断而消耗的冲击功 W，单位为焦耳（J）。用冲击功除以试样缺口处的截面面积 A，可得到材料的冲击韧性。其计算公式如下：

$$a_k = \frac{W}{A} \tag{5-2}$$

式中 a_k——冲击韧性；

W——试件冲断时所吸收的冲击能；

A——试件槽口处最小横截面面积。

冲击韧性 a_k 表示材料在冲击荷载作用下抵抗变形和断裂的能力。a_k 值的大小表示材料的韧性好坏。

工程中，一般将 a_k 值低的材料称为脆性材料，a_k 值高的材料称为韧性材料。

钢材冲击韧性的主要影响因素有化学成分、冶炼质量、冷作硬化及时效、环境温度等，如图 5-20 所示。

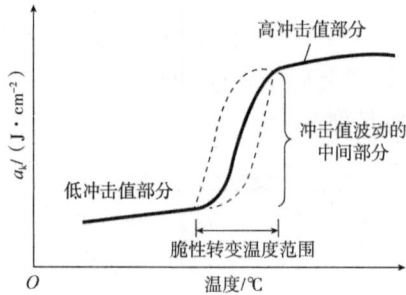

图 5-20　影响钢材冲击韧性的主要因素

钢材的冲击韧性随温度的降低而降低，在起始阶段，冲击韧性会随着温度的降低而缓慢下降，但当温度降至一定范围时，钢材的冲击韧性会急剧下降，从而呈现脆性和冷脆性，此时的温度称为脆性转变温度。脆性转变温度越低，表明钢材的冲击韧性越好。因此，在负温下使用的钢材，设计时必须考虑钢材的冷脆性，应选用脆性转变温度低于最低使用温度的钢材，并应满足规定的 $-20\ ℃$ 或 $-40\ ℃$ 条件下冲击韧性指标的要求。

钢材的冲击韧性越好，其抵抗冲击作用的能力就越强，脆性破坏的危险性就越小，对于重要的结构物及承受动荷载作用的结构，特别是处于低温环境下，为防止钢材的脆性破坏，应保证钢材具有一定的冲击韧性。

（2）硬度。钢材的硬度是指其表面抵抗重物压入产生塑性变形的能力，测定硬度的方法有布氏法和洛氏法。常用的方法是布氏法。

布氏法是利用硬质合金球，以一定的荷载 P 将其压入试件表面，得到直径为 D 的压痕，计算出压痕的表面积 F，用荷载 P 除以压痕表面积 F，所得的压力值就是试件的布氏硬度值，布氏硬度值不带单位，如图 5-21 所示。洛氏法测定的原理与布氏法相似，但以压头压入试件的深度来表示。

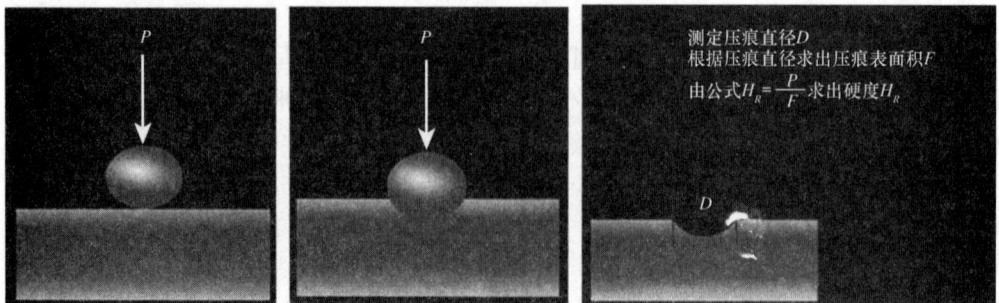

图 5-21　布氏法

与洛氏法相比，布氏法比较准确，但压痕较大不适宜做成品检验。洛氏法压痕很小，常用于判定工件的热处理效果。

（3）耐疲劳性。受交变荷载反复作用，钢材在应力低于其屈服强度的情况下，突然发生脆性断裂的破坏现象，称为疲劳破坏，如图 5-22 所示。

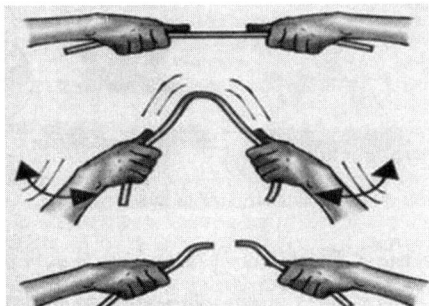

图 5-22 疲劳破坏（一）

钢材的疲劳破坏一般是由拉应力引起的。首先在局部开始形成细小断裂，随后由于微裂纹尖端的应力集中而使其逐渐扩大，只是突然发生瞬间疲劳断裂，疲劳破坏，是在低应力状态下突然发生的，所以危害极大，往往会造成灾难性的事故，如图 5-23 所示。

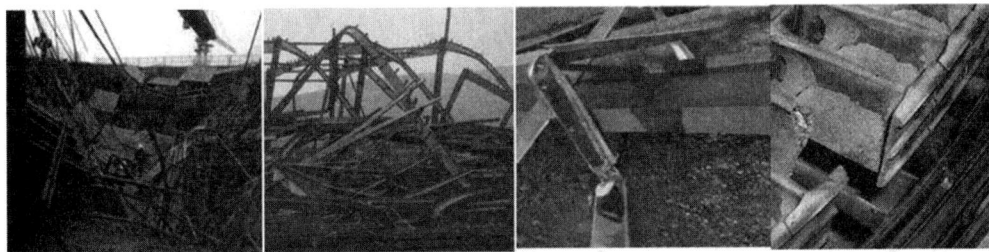

图 5-23 疲劳破坏（二）

二、钢材的工艺性能

工艺性能是指材料适应实际生产工艺要求的能力。良好的工艺性能可以保证钢材顺利进行各种加工，使钢材制品的质量不受影响。冷弯性能和焊接性能均是钢材重要的工艺性能，如图 5-24 所示。

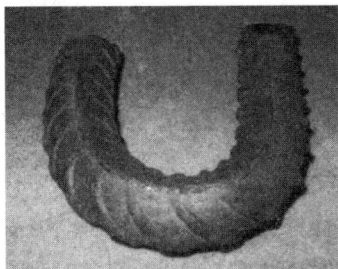

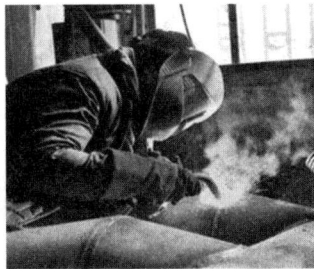

微课：钢材的
工艺性能

（a） （b）

图 5-24 钢材的工艺性能
（a）冷弯性能；（b）焊接性能

1. 冷弯性能

冷弯性能是指钢材在常温下承受弯曲变形的能力，是钢材重要的工艺性能，如图5-25所示。

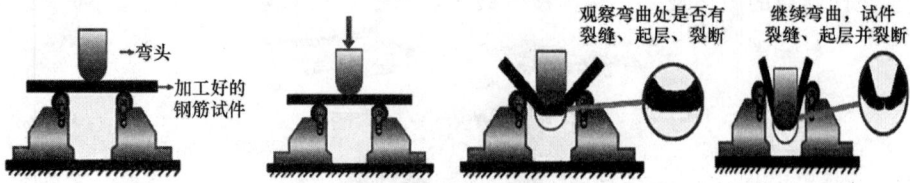

图 5-25　冷弯试验

冷弯性能指标通过试件被弯曲的角度及弯心直径对试件厚度的比值来表示。钢材试件按规定的弯曲角和弯心直径进行试验，如果试件弯曲处的外表面无裂断、裂缝或起层，则认为钢材冷弯性能合格。

冷弯试验能反映试件弯曲处的塑性变形，能检测钢材是否存在内部组织不均匀、内应力和夹杂物等缺陷。冷弯试验也能对钢材的焊接质量进行严格的检验，能揭示焊接受弯表面是否存在未融合、裂缝及杂物等缺陷。

2. 焊接性能

焊接性能是指钢材的可焊性，也就是钢材之间通过焊接方法连接在一起的结合性能，是钢材固有的焊接特性。

工程中，钢材的连接大多数采用焊接，因此要求钢材具有良好的焊接性能，如图5-26所示。

注：发生脆断、焊接性能不良和力学性能显著不正常的应进行化学成分检测。

图 5-26　钢材的不同焊接方式
(a) 平焊；(b) 立焊；(c) 搭接焊

在焊接中，由于高温作用和焊接后急剧冷却作用，焊缝及附近的过热区将发生晶体组织及结构变化，产生局部变形及内应力，使焊缝周围的钢材产生硬脆倾向，降低了焊接的质量。因此，想要焊接牢固可靠，除选用可焊性良好的钢材外，焊缝处性质也应与钢材尽可能相同。

钢的化学成分、冶炼质量及冷加工等都可影响焊接性能。例如，当碳素钢的含碳量在0.25%以下时，具有良好的可焊性。当含碳量超过0.3%时，碳素钢的可焊性变差，但随着碳含量的增加，钢材的强度和硬度也会提高。锰具有很强的脱氧去硫能力，能消除或减轻氧、硫所引起的热脆性，大大改善钢材的热加工性能；硅的主要作用是脱氧剂，当含量较低时，能提高钢材的强度，硫、磷等有害元素则会使可焊性降低，加入过多的合金元素，也将降低可焊性。

单元三　钢材的标准与选用

一、建筑用钢

在建筑工程中，钢材的种类主要有碳素结构钢和合金钢两类。其中，合金钢中使用较多的是普通低合金结构钢，如图 5-27 所示。

微课：建筑用钢

（a）　　　　　　　　　　　　　　（b）

图 5-27　钢材种类

（a）碳素结构钢；（b）合金钢

1. 碳素结构钢

碳素结构钢是碳素钢的一种。其含碳量为 $0.05\% \sim 0.70\%$，个别可以达到 0.90%。碳素结构钢可分为普通碳素结构钢和优质碳素结构钢两类。其用途很多，用量很大，主要用于铁道、桥梁、各类建筑工程，制造承受静荷载的各种金属构件及不重要不需要热处理的机械零件和一般焊接件，如图 5-28 所示。

（a）　　　　　　　　　　　　（b）

图 5-28　碳素结构钢分类

（a）普通碳素结构钢；（b）优质碳素结构钢

《碳素结构钢》（GB/T 700—2006）具体规定了碳素结构钢的牌号表示方法、技术要求、试验方法、检验规则等。

碳素结构钢的牌号由代表屈服强度的字母、屈服强度数值、质量等级符号、脱氧方法符号四部分按顺序组成。

符号：Q表示屈服强度，A、B、C、D表示质量等级，F表示沸腾钢，Z表示镇静钢，TZ表示特殊镇静钢。

例如：Q235AF，Q表示屈服强度为235 MPa，A表示质量等级为A级，F表示沸腾钢。

根据技术要求的规定，碳素结构钢可分为Q195、Q215、Q235和Q275四个牌号。

目前，工程中应用最广泛的碳素结构钢为Q235，属于低碳钢。有较高的强度、良好的塑性、韧性及可焊性，综合性能好，能满足一般钢结构和钢筋混凝土用钢要求，且成本较低，大量被用于轧制各种型钢、钢板及钢筋。

Q275号钢强度较高，但塑性、韧性较差，可焊性也差，不易焊接和冷弯加工，可用于轧制钢筋、作螺栓配件等，但更多用于机械零件和工具等，如图5-29所示。

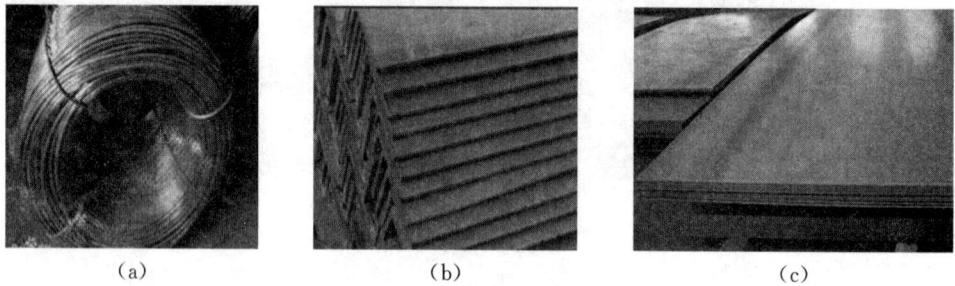

图5-29 高强度钢的应用

(a) 钢筋；(b) 角钢；(c) 钢板

2. 低合金高强度结构钢

低合金高强度结构钢是在碳素结构钢的基础上加入少量合金元素而制成的，具有良好的焊接性能、塑性、韧性和加工工艺性，较好的耐蚀性，较高的强度和较低的冷脆临界转换温度。它的牌号表示方法与碳素结构钢基本相同。低合金高强度结构钢适用于制造建筑桥梁、船舶、车辆、铁道、高压容器、汽车、拖拉机、大型钢结构及大型军事工程等方面的结构件，如图5-30所示。

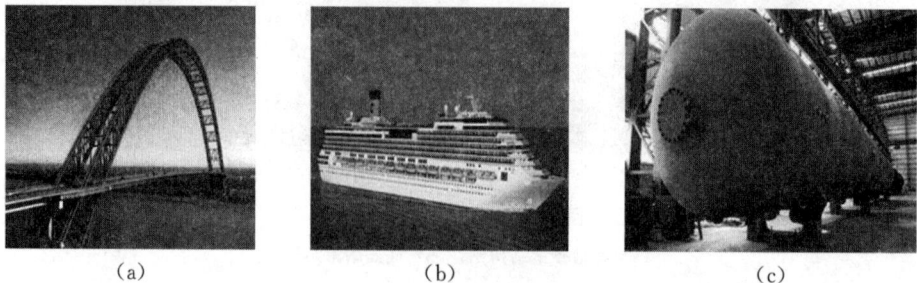

图5-30 低合金高强度结构钢的应用

(a) 桥梁；(b) 船舶；(c) 高压容器

常用的合金元素有硅、锰、钒、钛、铌、铬、镍及稀土元素。其目的是提高钢的屈服强度、抗拉强度、耐磨性、耐蚀性及耐低温性能等。

低合金高强度结构钢综合性能较为理想，尤其在大跨度、承受动荷载和冲击荷载的结构中更为适用。与使用碳素钢相比，其可节约钢材20%~30%，且成本并不很高。

低合金高强度结构钢牌号的表示方法由屈服强度字母、屈服强度数值、交货状态号、质量符合等级四部分组成。

符号：Q表示屈服强度；AR或WAR表示交货状态为热轧，可省略；N表示交货状态为正火或正火轧制；B、C、D、E、F表示质量等级。

例如：Q300ND，Q表示屈服强度为300 MPa、N表示交货状态为正火或正火轧制、D表示质量等级为D级。

低合金高强度结构钢和碳素结构钢相比具有较高的强度，同条件下可借用，节省用钢对减轻结构自重有利，同时，还具有良好的塑性、韧性、可焊性、耐磨性、耐腐蚀性、耐低温性等性能，有利于延长结构的使用寿命。

二、建筑常用钢材

建筑工程中常用的钢筋混凝土结构及预应力混凝土结构钢筋，根据生产工艺、性能和用途的不同，主要品种有热轧钢筋、冷轧带肋钢筋、冷拔低碳钢丝、预应力钢丝及钢绞线等。钢结构构件一般直接选用型钢。

微课：建筑工程
常用钢材

1. 钢筋及钢丝

（1）热轧钢筋。热轧钢筋是经热轧成型并自然冷却的成品钢筋，由低碳钢和普通合金钢在高温状态下压制而成，主要用于钢筋混凝土和预应力混凝土结构的配筋。热轧钢筋可分为热轧光圆钢筋和热轧带肋钢筋两种，是土木建筑工程中使用量较大的钢材品种，如图5-31所示。

（a）   （b）

图 5-31 热轧钢筋

（a）热轧光圆钢筋；（b）热轧带肋钢筋

热轧钢筋的表示方式如下：热轧光圆钢筋：HPB；热轧带肋钢筋：HRB；热轧：H；光圆：P；带肋：R；钢筋：B。

1）热轧光圆钢筋：经热轧成型，横截面通常为圆形，表面光滑的成品钢筋。热轧光圆钢筋强度较低，但具有塑性、焊接性能好，伸长率高等优点，便于弯折成型和进行各种冷加工，广泛用于普通钢筋混凝土构件中，主要用作钢筋混凝土构件的主要受力钢筋、构件的箍筋，也可作为冷轧带肋钢筋的原材料，如图5-32所示。

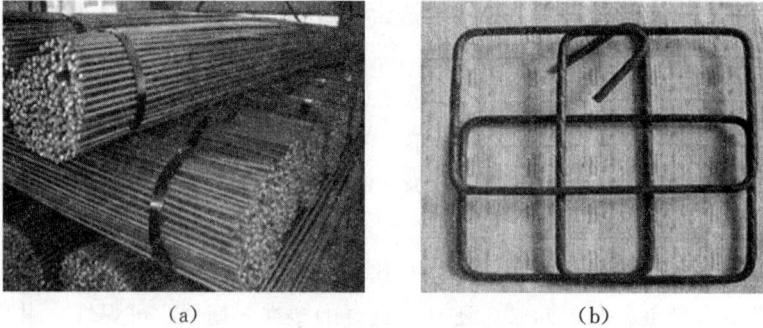

(a)   (b)

图 5-32　热轧光圆钢筋

(a) 受力钢筋；(b) 箍筋

2）热轧带肋钢筋：俗称螺纹钢，是用低合金镇静钢和半镇静钢轧制成的钢筋。热轧带肋钢筋强度较高，塑性和焊接性能较好，因表面带肋，加强了钢筋与混凝土之间的粘结力，广泛用于大、中型钢筋混凝土结构的受力钢筋，经过冷拉后可用作预应力钢筋，如图5-33所示。

图 5-33　预应力钢筋

（2）冷轧带肋钢筋。冷轧带肋钢筋是用热轧盘条经多道冷轧减径，一道压肋并经消除内应力后形成的一种带有二面或三面月牙形的钢筋。冷轧带肋钢筋在预应力混凝土构件中是冷拔低碳钢丝的更新换代产品，在现浇混凝土结构中，则可代换 HPB 300 级钢筋，以节约钢材，是同类冷加工钢材中较好的一种。

冷轧带肋钢筋牌号由 CRB（C—冷轧；R—带肋；B—钢筋）和钢筋的抗拉强度最小值构成。

冷轧带肋钢筋的优点：与混凝土之间的黏结锚固性能良好；伸长率较同类的冷加工钢材大；钢材强度高，可节约建筑钢材和降低工程造价等。

（3）冷拔低碳钢丝。冷拔低碳钢丝是指低碳钢热轧圆盘条或热轧光圆钢筋经一次或多次冷拔制成的光圆钢丝。建筑用冷拔低碳钢丝可分为甲、乙两级。甲级钢丝主要用于小型预应力混凝土构件的预应力钢材；乙级钢丝一般用作焊接或绑扎骨架、网片或箍筋。

（4）预应力钢丝及钢绞线。预应力钢丝是指制作预应力混凝土构件中受拉区钢筋用的冷拉钢丝；钢绞线是由多根钢丝绞合构成的钢铁制品。

预应力钢丝和钢绞线具有强度高、柔韧性好、质量稳定、施工简便、使用时可根据要求的长度切断的优点。其主要适用于大荷载、大跨度、曲线配筋的预应力钢筋混凝土结构，如图 5-34 所示。

（a）　　　　　　　　　　　　　　　（b）

图 5-34　预应力钢丝及钢绞线

（a）预应力钢丝；（b）钢绞线

2. 型钢

型钢是一种有一定截面形状和尺寸的条型钢材，是钢材四大品种（板、管、型、丝）之一。根据断面形状，型钢可分为简单断面型钢和复杂断面型钢（异型钢）。前者是指方钢、圆钢、扁钢、角钢、六角钢等；后者是指工字钢、槽钢、钢轨、窗框钢、弯曲型钢等。

型钢有热轧型钢和冷弯薄壁型钢。

（1）热轧型钢。热轧型钢有工字钢、H 型钢、槽钢、角钢等，如图 5-35 所示。

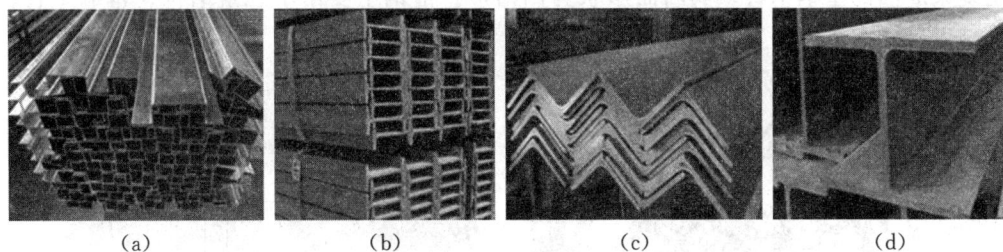

（a）　　　　　　（b）　　　　　　（c）　　　　　　（d）

图 5-35　型钢的分类

（a）槽钢；（b）工字钢；（c）角钢；（d）H 型钢

1）工字钢。工字钢也称为钢梁，是截面为工字形状的长条钢材。工字钢可分为普通工字钢和轻型工字钢，其规格以腹板高（h）×翼缘宽（b）×腹板厚（d）表示，如图 5-36 所示。

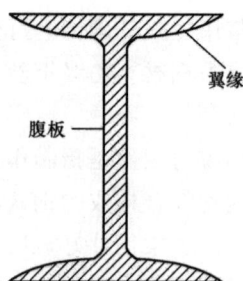

图 5-36　工字钢

普通工字钢广泛用于各种建筑结构、桥梁、车辆、支架、机械等。与普通工字钢相比，轻型工字钢具有较好的稳定性，且节约金属，所以有较好的经济效果，主要用于厂房、桥梁等大型结构及车船制造等，如图 5-37 所示。

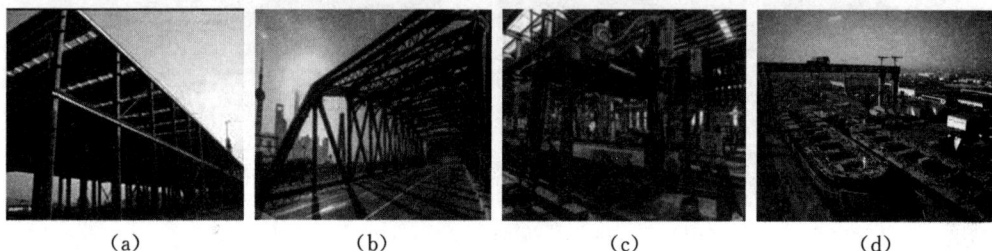

（a）　　　　　　（b）　　　　　　（c）　　　　　　（d）

图 5-37　工字钢的应用

（a）厂房；（b）桥梁；（c）机械；（d）船舶

2）H 型钢。H 型钢是一种截面面积分配更加优化、强重比更加合理的经济断面高效型材，因其断面与英文字母 H 相同，因此称为 H 型钢，由于 H 型钢的翼缘厚度相等，各个部位都是垂直排布，因此 H 型钢在各个方向上都具有较强的抗弯能力。此外，由于其具有施工简单、节约成本及质量轻等优点，因此目前在工程上已被广泛应用，如图 5-38 所示。

3）槽钢。槽钢是截面为凹槽形的长条钢材，属于建造用和机械用碳素结构钢，是复杂断面的型钢钢材，其断面形状为凹槽形。槽钢主要用于建筑结构、幕墙工程、机械设备和车辆制造等，如图 5-39 所示。

图 5-38　H 型钢结构

图 5-39　槽钢结构

4）角钢。角钢俗称角铁，是两边互相垂直成角形的长条钢材。角钢主要可分为等边角钢和不等边角钢两类。其中，不等边角钢又可分为不等边等厚及不等边不等厚两种。角钢可按结构的不同需要组成各种不同的受力构件，也可作构件之间的连接件。角钢广泛地应用于各种建筑结构和工程结构，如房梁、桥梁、输电塔、起重运输机械、船舶、工业炉、反应塔、容器架、电缆沟支架、动力配管、母线支架安装及仓库货架等，如图5-40所示。

图 5-40　角钢结构

（2）冷弯薄壁型钢。冷弯薄壁型钢是指用钢板或带钢在冷状态下弯曲成的各种断面形状的成品钢材，是一种经济的截面轻型薄壁钢材，也称为钢质冷弯型材或冷弯型材。冷弯薄壁型钢作为承重结构、围护结构、配件等在轻钢房屋中也大量应用。在房屋建筑中，冷弯薄壁型钢可用作钢架、桁架、梁、柱等主要承重构件，也被用作屋面檩条、墙架梁柱、龙骨、门窗、屋面板、墙面板、楼板等次要构件和围护结构，如图5-41所示。

图 5-41　冷弯薄壁型钢结构

单元四　钢材的防护

一、钢材的防腐

钢材表面与周围环境接触，在一定条件下，可发生作用而使钢材表面腐蚀，腐蚀不仅会造成钢材受力截面减小、表面不平整而导致应力集中，降低了钢材的承载力，还会使疲劳强度大为降低，尤其是显

微课：钢筋的
防腐及防火

著降低了钢材的冲击韧性，使钢材脆断。混凝土中的钢筋被腐蚀后，产生体积膨胀，使混凝土顺筋开裂。因此，为保证钢材不产生腐蚀，必须采取防腐措施。

腐蚀原因可分为化学腐蚀和电化学腐蚀两类。

1. 化学腐蚀

化学腐蚀也称为干腐蚀，属于纯化学腐蚀，是指钢材在常温和高温时发生的氧化或硫化作用。氧化作用的原因是钢铁与氧化性介质接触产生化学反应。氧化性气体有空气、氧、水蒸气、二氧化碳、二氧化硫和氯等，反应后生成疏松氧化物。其反应速度随温度、湿度提高而加速。干湿交替环境下腐蚀更为厉害，在干燥环境下腐蚀速度缓慢。

2. 电化学腐蚀

电化学腐蚀也称为湿腐蚀，是由于电化学现象在钢材表面产生局部电池作用的腐蚀，如在水溶液中的腐蚀，在大气、土壤中的腐蚀等。钢材在潮湿的空气中，由于吸附作用，在其表面覆盖了一层极薄的水膜，由于表面成分或受力变形等的不均匀，使邻近的局部产生电极电位的差别，形成了许多微电池。在阳极区，铁被氧化成 Fe^{2+}离子进入水膜。因为水中溶有来自空气中的氧，在阴极区氧被还原为 OH^- 离子，两者结合成不溶于水的 $Fe(OH)_2$（氢氧化亚铁），并进一步氧化成疏松易剥落的红棕色铁锈$Fe(OH)_3$。在工业大气的条件下，钢材较容易锈蚀，如图 5-42 所示。

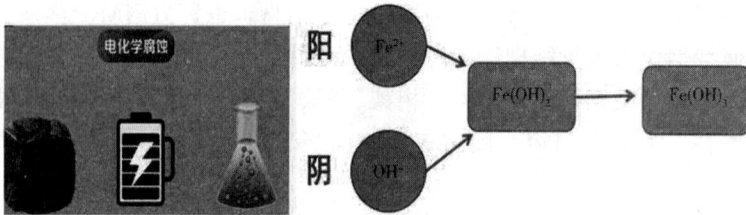

图 5-42　电化学腐蚀

目前，所采用的防腐蚀方法有以下几种：

（1）合金化。在碳素钢中加入能提高抗腐蚀能力的合金元素，如铬、镍、锡、钛和铜等，制成不同的合金钢，能有效地提高钢材的抗腐蚀能力。

（2）金属覆盖。用耐腐蚀性能好的金属，以电镀或喷镀的方法覆盖在钢材的表面，提高钢材的耐腐蚀能力，如镀锌、镀铬、镀铜和镀镍等。

（3）非金属覆盖。在钢材表面用非金属材料作为保护膜，与环境介质隔离，以避免或减缓腐蚀，如喷涂涂料、搪瓷和塑料等。

钢结构防止腐蚀用得最多的方法是表面油漆。

一般混凝土配筋的防锈措施：保证混凝土的密实度，保证钢筋保护层的厚度和限制氯盐外加剂的掺量或使用防锈剂等。预应力混凝土用钢筋由于易被腐蚀，故应禁止使用氯盐类外加剂。

二、钢材的防火

虽然钢材不会燃烧，但是钢材遇到高温会发生变形，导致结构坍塌。钢材作为建筑材料在防火方面存在一些难以避免的缺陷，如图 5-43 所示。

(a)　　　　　　　　　　　　　(b)

图 5-43　钢材防火

(a) 钢材燃烧；(b) 高温变形

　　钢材的耐火极限只有 15 min 左右，在 450～650 ℃丧失承载能力。钢材防火的目的是将耐火极限提高到设计规范规定的极限范围，基本原理是采用绝热材料或吸热材料，阻隔火焰和热量，推迟钢结构的升温速率。

　　防火方法以包覆法为主，即以防火涂料、不燃性板材或混凝土和砂浆包裹钢构件，如图 5-44 所示。

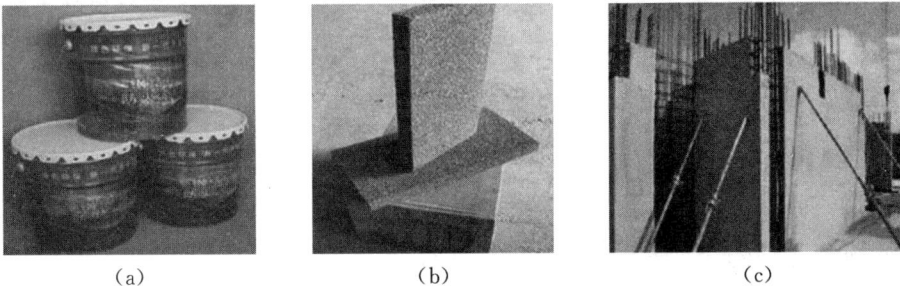

(a)　　　　　　　　　(b)　　　　　　　　　(c)

图 5-44　钢材的防火方法

(a) 防火涂料；(b) 不燃性板材；(c) 混凝土包裹

1. 防火涂料

按受热时的变化，防火涂料可分为膨胀型和非膨胀型。

(1) 膨胀型防火涂料。

1) 涂层厚度：2～7 mm。

2) 附着力强，有一定的装饰效果。

3) 遇火后会膨胀，厚度增加 5～10 倍。

4) 耐火极限：0.5～1.5 h。

(2) 非膨胀型防火涂料。

1) 涂层厚度：8～50 mm。

2) 呈粒状面、密度小、强度低，喷涂后需要再用装饰面层。

3) 耐火极限：0.5～3 h。

2. 不燃性板材

常用的不燃性板材有石膏、硅酸钙板、蛭石板、珍珠岩板、岩棉板等，可通过胶粘剂或钢钉、钢箍等固定在钢构件上，如图 5-45 所示。

图 5-45 常用的不燃性板材
(a) 石膏；(b) 硅酸钙板；(c) 珍珠岩板；(d) 岩棉板

模块小结

本模块主要讲解建筑钢材的冶炼、分类、用途，建筑钢材的主要技术性能及其应用，建筑钢材的冷加工及热处理，建筑钢材的选用及防护。通过本模块的学习，学生应掌握建筑钢材的基本分类、主要技术性能及其工程钢种的选用，了解钢材的腐蚀原理、防护及防火措施，为今后在建筑工程领域中更好地选用、检测建筑钢材奠定坚实的基础。

思考与练习

一、单选题

1. (   ) 是钢结构工程设计的依据。
   A. 比例极限
   B. 抗拉强度
   C. 屈服极限
   D. 弹性极限

2. 钢材通过拉伸试验所测得的主要力学指标是 (   )。
   A. 屈服极限、强度极限、伸长率
   B. 弹性极限、强度极限、冲击韧性
   C. 冷弯性能、屈服极限、伸长率
   D. 冲击韧性、屈服极限、伸长率

3. 普通碳素钢按屈服点、质量等级及脱氧方法划分为若干个牌号，随牌号提高，钢材 (   )。
   A. 强度提高，韧性提高
   B. 强度降低，伸长率降低
   C. 强度提高，伸长率降低
   D. 强度降低，伸长率高

4. 伸长率是衡量钢材的（　　　）指标。

    A. 弹性   B. 塑性

    C. 脆性   D. 耐磨性

二、多选题

1. 下列属于钢材力学性能的是（　　　）。

    A. 抗拉性能   B. 硬度

    C. 疲劳强度   D. 冲击韧性

2. 碳素钢中有害元素有（　　　）。

    A. P   B. Si

    C. V   D. C

三、判断题

1. 钢筋牌号 HRB400 中 400 是指钢筋的极限强度。　　　　　　　　　　（　　　）

2. 与碳素结构钢相比，低合金高强度结构钢具有强度高、塑性好、耐腐蚀、易加工及施工等特点。　　　　　　　　　　　　　　　　　　　　　　　（　　　）

3. 钢材屈强比越大，表示结构使用安全度越高。　　　　　　　　　　　（　　　）

4. 随着含碳量的增加，钢材的可焊性降低。　　　　　　　　　　　　　（　　　）

四、讨论题

1. 常用的钢材有哪些种类？

2. 简述常用的钢筋牌号及表达的意思。

3. 钢材的力学性能有哪些？

模块六

建筑功能材料进场检验

单元一　建筑防水材料

    建筑防水材料是指具有防止雨水、地下水与其他水侵蚀渗透的建筑材料。防水是建筑物的一项重要功能，建筑防水材料是实现这一功能的基础。建筑防水材料的主要作用是防潮、防渗漏，避免水和盐分对建筑物的侵蚀，保护建筑结构。由于基础的不均匀沉降、结构的变形、建筑材料的热胀冷缩和施工质量等原因，建筑物的外围护结构在使用中会产生许多裂缝，建筑防水材料能否与之适应是衡量其性能优劣的重要标志。建筑防水材料质量的好坏直接影响到建筑物的使用寿命、安全等级、人们的居住环境等。

    建筑防水材料的品种繁多，按其原材料组成可划分为无机类、有机类和复合类防水材料。按照柔韧性和延伸能力，防水材料可分为柔性防水材料和刚性防水材料两大类。柔性防水材料是指具有一定柔韧性和较大延伸率的防水材料，如沥青防水卷材、有机涂料等；刚性防水材料是指具有较高强度和无延伸能力的防水材料，如防水砂浆、防水混凝土等。建筑防水材料按防水工程或部位，可分为屋面防水材料、地下防水材料、室内防水材料及防水构筑物防水材料等。按其生产工艺和使用功能特性，可分为防水卷材、防水涂料、密封材料、堵漏材料。本模块主要介绍防水卷材、建筑防水涂料、建筑密封材料等材料的组成、性能特点及应用。

一、防水卷材

防水卷材的主要作用如下：

（1）防水保护。防水卷材的主要作用是形成一道连续、可靠的防水层，有效隔离水分，防止水的渗透和渗漏。它能够在屋顶、地下室、厨房、浴室等建筑结构中提供持久的防水保护，保持建筑物的结构完整性。

（2）密封性能。防水卷材能够填补建筑物中的裂缝和缝隙，提供良好的密封效果。它可以阻止水分通过建筑结构的微小孔隙进入内部空间，避免水汽和湿气的积聚，防止霉菌、腐蚀和其他水患问题的发生。

（3）耐候性和耐久性。防水卷材具有良好的耐候性，能够抵抗紫外线、高温、低温等自然环境因素的侵蚀和损害。它能够长期保持防水性能，延长建筑物的使用寿命。

（4）适应性和柔韧性。防水卷材具有一定的适应性和柔韧性，能够适应建筑结构的变形和挠曲。它能够跟随建筑物的运动而变形，保持防水层的连续性和稳定性。

（5）施工便利性。防水卷材的施工相对简便，可以采用卷材铺设或粘贴固定的方式进行。它的安装速度较快，可以提高施工效率，节省时间和人力成本。

选择适合的防水卷材取决于具体的应用场景和要求。防水卷材的种类有很多，常见的包括沥青防水卷材（图6-1）、高聚物改性沥青防水卷材（图6-2）和合成高分子沥青防水卷材（图6-3）。

图 6-1　沥青防水卷材　　图 6-2　高聚物改性沥青防水卷材　图 6-3　合成高分子沥青防水卷材

1. 沥青防水卷材

沥青防水卷材是防水卷材中一种常见的类型，它由沥青或沥青改性材料作为主要成分制成。沥青防水卷材具有优异的防水性能和耐候性，能够有效隔离水分并抵抗自然环境的侵蚀。其施工相对简便，可以采用卷材铺设或粘贴固定的方式进行。

微课：沥青防水卷材
的特点及应用

沥青防水卷材是指以各种石油沥青或煤沥青为防水基材，以原纸、织物、毯等为胎基，用不同矿物粉料、粒料或合成高分子薄膜、金属膜作为隔离材料所制成的可卷曲片装防水材料。沥青基防水卷材具有原材料广、价格低、施工技术成

熟等特点，可以满足建筑物的一般防水要求，是目前用量较大的防水卷材品种。

20世纪，人们做防水施工的方式是将沥青块熬化后沿基层铺摊开，这种方式不但费时费力，边角处的防水效果也不佳。随着沥青基防水卷材的诞生，这种自带韧性又张弛有度的防水材料使得阴阳角构造、女儿墙泛水等渗漏难点位置的施工变得简单、有效，极大地提升了防水施工的效率和质量，如图6-4所示。

（a）　　　　　　　　　　　　　　（b）

图6-4　沥青防水工艺

（a）古老沥青防水工艺；（b）现代沥青防水工艺

沥青防水卷材主要有以下五种：

（1）石油沥青纸胎防水卷材（油毡）。石油沥青纸胎防水卷材是先用低软化点的石油沥青浸渍原纸，再用高软化点的石油沥青涂盖油纸的两面，并涂撒隔离材料制成的一种防水卷材，如图6-5所示。其特性是温度敏感性差、低温柔性差、易老化、使用年限短。200号煤沥青纸胎油毡适用于简易防水、建筑防潮和包装等；270号和350号煤沥青纸胎油毡适用于建筑防水、防潮和包装，与煤焦油聚氯乙烯涂料配套可用于屋面多层防水；350号煤沥青纸胎油毡可用于一般地下防水工程。

图6-5　石油沥青纸胎防水卷材（油毡）

（2）石油沥青玻璃布油毡。石油沥青玻璃布油毡是采用石油沥青涂盖材料浸涂玻璃纤维织布的两面，再涂以隔离材料所制成的一种以无机材料为胎体的沥青防水卷材，如图6-6所示。其特点是抗拉强度高于500号纸胎石油沥青油毡、柔韧性较好、耐霉菌性能好，易于在复杂的部位粘贴和密封。其适用范围是地下防水层、防腐层、屋面防水层及金属管道（热管道除外）的防腐保护等。

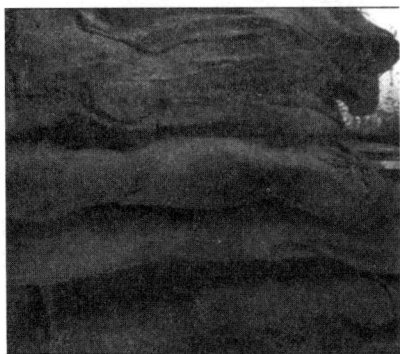

图 6-6　石油沥青玻璃布油毡

（3）石油沥青玻璃纤维油毡。石油沥青玻璃纤维油毡是采用石油沥青涂盖材料浸涂玻璃纤维油毡的两面，再涂以隔离材料所制成的一种以无机材料为胎体的沥青防水卷材，如图 6-7 所示。其特点是柔韧性好，耐化学微生物腐蚀性较强，使用寿命长。其可用于防水等级为Ⅲ级的屋面工程。

图 6-7　石油沥青玻璃纤维油毡

（4）石油沥青麻布胎油毡。石油沥青麻布胎油毡抗拉强度高，耐水性和柔韧性好，但胎体易腐烂，常用于屋面增强附加层使用，如图 6-8 所示。

图 6-8　石油沥青麻布胎油毡

（5）铝箔面油毡。铝箔面油毡采用玻璃纤维油毡为胎基，浸涂氧化沥青，在其表面用压纹铝箔贴面，底面撒以细颗粒矿物料或覆盖聚乙烯膜所制成的防水卷材，如图 6-9 所示。其特点是热反射，反射紫外线，具备装饰功能，多用于单层或多层防水工程的面层和隔汽层。

图 6-9　铝箔面油毡

铝箔面油毡虽然优点很多，但是其对温度和外部环境也有一定的要求。石油沥青防水卷材的储存、运输和保管有较多要求。如需要按规格、强度、品种、等级存放。还应控制存放温度：粉毡和玻璃毡不高于 45 ℃，片毡不高于 50 ℃。油毡和玻璃纤维油毡需要立放，高度不超过 2 层，搭接边朝上。玻璃纤维油毡可以同一方向平放成三角形，最高码放 10 层，如图 6-10 所示。

图 6-10　沥青防水卷材的堆放

2. 高聚物改性沥青防水卷材

高聚物改性沥青防水卷材是以合成高分子聚合物改性沥青为涂盖层，纤维织物或纤维毡为胎体，粉状、粒装、片状或薄膜材料为覆面材料制成的可卷曲片状防水材料。这种防水材料是在沥青卷材基础上经过发展、创新、改良的新一代防水卷材类产品，是将有效的化工合成成分加入沥青，加工过程中使用了新工艺，使高聚物改性沥青防水卷材在适应性和性能上都发生了显著变化。

微课：高聚物改性沥青防水卷材的特点及应用

高聚物改性沥青的主要作用是改善防水卷材的抗裂性和耐久性。聚合物改性剂可以增加沥青的黏度和弹性模量，使其具有更好的抗拉伸性和抗撕裂性能，从而有效减少防水层在建筑结构变形时的开裂和破坏。另外，高聚物改性沥青还能提高防水卷材的耐候性能。聚合物改性剂可以增加沥青的抗紫外线能力，延缓沥青老化过程，使防水卷材在长期暴露于自然环境中仍能保持良好的性能。

选择高聚物改性沥青防水卷材时，需要根据具体的工程要求和使用环境来评估其适用性。高聚物改性沥青防水卷材通常适用于需要较高要求的防水场合，如高层建筑、桥梁、地下工程等。它能够提供更好的防水性能和耐久性，确保建筑结构的长期保护。

常见的高聚物改性沥青防水卷材主要有 SBS 改性沥青防水卷材、APP 改性沥青防水卷材、再生胶改性沥青防水卷材和自粘性改性沥青防水卷材等。

（1）SBS 改性沥青防水卷材。SBS 就是苯乙烯—丁二烯—苯乙烯的简称，SBS 改性沥青防水卷材是以聚酯毡、玻纤毡等增强材料为胎体，以 SBS 改性石油沥青为浸渍涂盖层，以塑料薄膜为防黏隔离层，经过选材、配料、共熔、浸渍、复合成型、收卷曲等工序加工而成的一种柔性防水卷材，如图 6-11 所示。

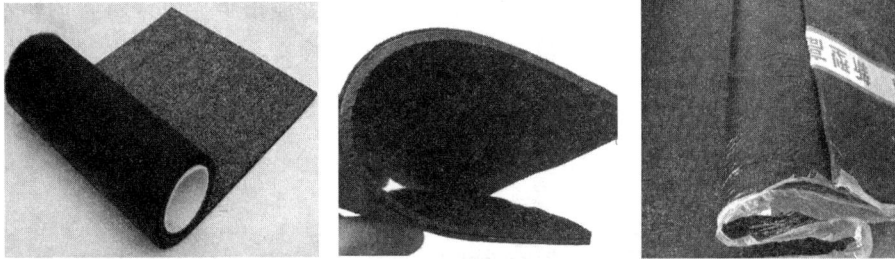

图 6-11　SBS 改性沥青防水卷材

SBS 改性沥青防水卷材具有优良的耐高低温性能，可形成高强度防水层，耐穿刺、耐硌伤、耐撕裂、耐疲劳，具有优良的延伸性和较强的抗基层变形能力，低温性能优异。其用途多用于一般工业与民用建筑防水，尤其适用于高级和高层建筑物的屋面、地下室、卫生间等的防水防潮，以及桥梁、停车场、屋顶花园、游泳池、蓄水池、隧道等建筑的防水。SBS 改性沥青防水卷材具有良好的低温柔韧性和极高的弹性延伸性，更适用于北方寒岭地区和结构易变形的建筑物的防水。

（2）APP 改性沥青防水卷材。APP 改性沥青防水卷材是在石油沥青中加入 25％～35％的 APP，也就是无规聚丙烯，可以大幅度提高沥青的软化点，并能明显改善其低温柔韧性。以聚酯毡或玻纤毡为胎体，以 APP 改性沥青为预浸涂层，然后上层撒上隔离材料，下层覆盖聚乙烯薄膜或撒布细砂而成的沥青防水卷材，如图 6-12 所示。

图 6-12　APP 改性沥青防水卷材

APP 改性沥青防水卷材的特点：具有良好的防水性能，优良的耐高温性能和较好的柔韧性，可形成高强度、耐撕裂、耐穿刺的防水层，耐紫外线照射，寿命长，热熔法粘贴可靠性强等。

与 SBS 改性沥青防水卷材相比，APP 改性沥青防水卷材耐热度更好而且有着良好的耐老化性能。因此，其除在一般工程中使用外，还适用于高温或太阳辐射地区的建筑物的防水，也适用于各种领域和类型的防水，尤其是屋面及地下防水，地铁、隧道桥、高架桥上沥青混凝土桥面防水。

除以上两种常见的材料外，还有几类其他改性沥青防水卷材，具有施工温度范围广的特点，在−15 ℃以上均可施工。

3）再生胶改性沥青防水卷材。再生胶改性沥青防水卷材具有延伸率大、低温柔韧性好、耐腐蚀性强、耐水性好及热稳定性好等特点，适用于一般建筑物的防水层，尤其适用于有保护层的屋面或基层沉降较大的建筑物变形缝处的防水，如图 6-13 所示。

图 6-13　再生胶改性沥青防水卷材

4）自粘性改性沥青防水卷材。自粘性改性沥青防水卷材具有良好的低温柔韧性和施工方便等特点。除一般工程外，还适用于北方寒冷地区建筑物的防水，如图 6-14 所示。

图 6-14　自粘性改性沥青防水卷材

3. 合成高分子沥青防水卷材

合成高分子沥青防水卷材是以合成橡胶、合成树脂或两者的共混体为基础、加入适量的助剂和后填充料等，经过混炼、塑炼、压延或挤出成型、硫化、定形等加工工艺制成的片状可卷曲的防水材料，如图 6-15 所示。

微课：合成高分子防水
卷材的特点及应用

134

图 6-15　合成高分子沥青防水卷材

　　合成高分子沥青防水卷材的问世是科技进步的结果，其具有强度高、断裂伸长率大、抗撕裂强度高、耐热性能好、低温柔性好、耐腐蚀、耐老化及可以冷施工等一系列优异性能，而且彻底改变了沥青基防水卷材施工条件差、污染环境等缺点，是科技改变生活的又一次体现。这种材料的问世解决了前几种防水卷材的共性缺点，是值得大力推广的新型高档防水卷材。

　　目前，合成高分子沥青防水卷材多用于高级宾馆、大厦、游泳池、厂房等要求防水性较好的建筑和地下等防水工程。而且合成高分子防水卷材性能更优化、更环保。根据组成材料的不同，合成高分子防水卷材一般可分为橡胶型、树脂型和橡塑共混型防水材料三大类，主要有三元乙丙橡胶防水卷材、聚氯乙烯防水卷材、氯化聚乙烯防水卷材、氯化聚乙烯－橡胶共混防水卷材、其他合成高分子防水卷材几种类型。下面介绍一些常用的合成高分子防水卷材。

　　（1）三元乙丙橡胶防水卷材。三元乙丙橡胶防水卷材是以三元乙丙橡胶为主要原料，加入适量的丁基橡胶、硫化剂、促进剂、补强剂、稳定剂、填充剂和软化剂等，经过密炼、塑炼、过滤、拉片、挤出成型、硫化等工序制成的高强高弹性防水材料。目前，国内三元乙丙橡胶防水卷材的类型按工艺可分为硫化型和非硫化型两种。其中硫化型占主导，如图 6-16 所示。

图 6-16　三元乙丙橡胶防水卷材

　　三元乙丙橡胶防水卷材是目前耐老化性能最好的一种卷材，使用寿命可达 30 年以上。它具有防水性好、质量轻、耐候性好、耐臭氧性好、弹性和抗拉强度大、抗裂性强、耐酸碱腐蚀等特点，而且耐高低温性能好，可以冷施工，目前在国内属于高档防水材料。

三元乙丙橡胶防水卷材不仅适用于工业与民用建筑的屋面工程的外露防水层，也适用于受振动、易变形建筑工程的防水，还适用于刚性保护层或倒置式屋面，以及地下室、水渠、储水池、隧道、地铁等建筑工程防水。

（2）聚氯乙烯防水卷材。聚氯乙烯防水卷材是以氯化聚乙烯树脂为主要原料，加填充料和适量的改性剂、增塑剂、抗氧剂、紫外线吸收剂及其他加工助剂等，经过混合、造粒、挤出或压延、定型、压花、冷却卷曲等工序加工而成的防水卷材，如图 6-17 所示。

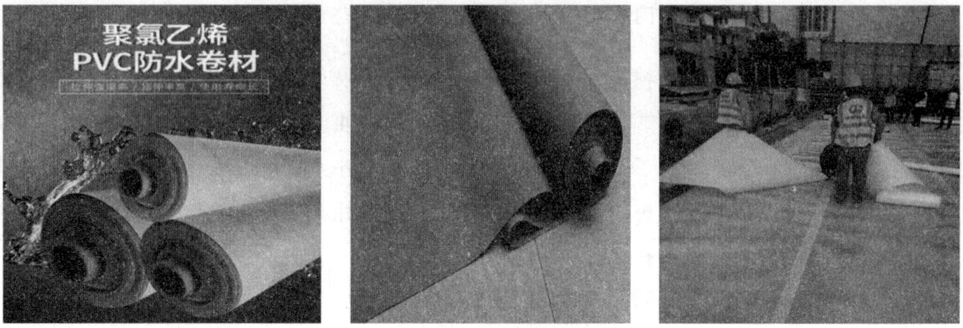

图 6-17　聚氯乙烯防水卷材

聚氯乙烯防水卷材抗拉强度和伸长率较高，对基层伸缩、开裂、变形的适应性强，低温度柔韧性好，可在较低的温度下施工和应用。卷材的搭接可采用热风焊枪焊接，常采用空铺法、条铺法和满粘法三种施工方法。聚氯乙烯防水卷材适用于刚性层下的防水层及旧建筑混凝土构件屋面的修缮工程，以及有一定耐腐蚀要求的室内地面工程的防水、防渗工程。

（3）氯化聚乙烯防水卷材。氯化聚乙烯防水卷材主要是以氯化聚乙烯树脂为主要原料，掺入适量的化学助剂和填充料，采用塑料或橡胶的加工工艺，经过捏和、塑炼、压延、卷曲、分卷、包装等工序，加工制成的弹塑性防水卷材，如图 6-18 所示。

图 6-18　氯化聚乙烯防水卷材

氯化聚乙烯防水卷材具有热塑性弹性体的优良性能，具有耐热、耐老化、耐腐蚀等性能，且原材料来源丰富，价格较低，生产工艺较简单，可冷施工操作，施工方便，故发展迅速，目前在国内属于中高档防水卷材。

氯化聚乙烯防水卷材适用于各种工业和民用建筑物屋面、各种地下室、地下工程及浴室、卫生间和蓄水池、排水沟、堤坝等的防水工程。由于氯化聚乙烯呈塑料性能，耐磨性能很强，故还可以作为室内装饰面的施工材料，兼有防水和装饰的作用。

（4）氯化聚乙烯—橡胶共混防水卷材。氯化聚乙烯—橡胶共混防水卷材是以氯化聚乙烯树脂和合成橡胶为主体，掺入适量硫化剂等添加剂及填充料，经混炼、压延或挤出等工艺制成的高弹性防水卷材，如图 6-19 所示。

图 6-19　氯化聚乙烯—橡胶共混防水卷材

氯化聚乙烯—橡胶共混防水卷材兼有塑料和橡胶的特点，具有高强度、高延伸率和耐臭氧性能、耐低温性能，良好的耐老化性能和耐水、耐腐蚀性能。尤其该卷材是一种硫化型橡胶防水卷材，不但强度高，延伸率大，而且具有高弹性，受外力时可产生拉伸变形，且变形范围大。同时，当外力消失后，卷材可逐渐回弹到受力前状态。这样，当卷材应用于建筑防水工程时，对基层变形有一定的适应能力。

氯化聚乙烯—橡胶共混防水卷材适用于屋面外露、非外露防水工程，地下室外防外贴法或外防内贴法施工的防水工程，以及水池、土木建筑等防水工程。

（5）其他合成高分子防水卷材。合成高分子防水卷材除以上四种典型品种外，还有再生胶、三元丁橡胶、氯磺化聚乙烯、三元乙丙橡胶—聚乙烯共混等防水卷材，如图 6-20 所示。这些卷材原则上都是塑料经过改性，或橡胶经过改性，或两者复合及多种复合，制成的能满足建筑防水要求的制品。它们因所用的基材不同而性能差异较大，使用时应根据其性能特点合理选择。

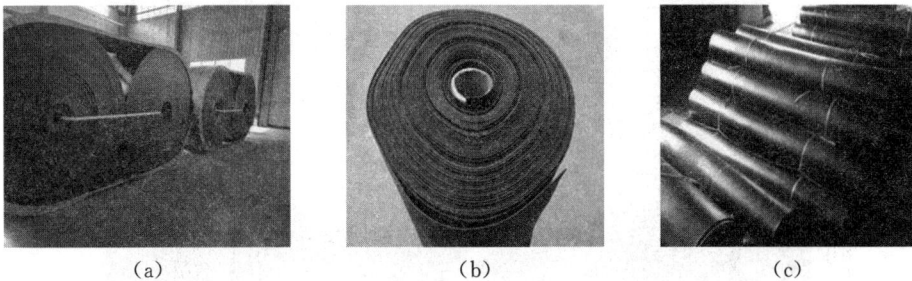

（a）　　　　　　　　（b）　　　　　　　　（c）

图 6-20　其他合成高分子防水卷材

（a）再生胶；（b）三元丁橡胶；（c）氯磺化聚乙烯、三元乙丙橡胶—聚乙烯共混

二、建筑防水涂料

建筑防水涂料是一种流态或半流态物质，并能附着于机体表面，胜任各类极端环境，适应性较强。经刷、喷等工艺涂布在基体表面，形成具有一定弹性和一定厚度的连续薄膜，使基层表面与水隔绝，并能抵抗一定的水压力，从而起到防水和防潮的作用。

建筑防水涂料具有多功能、适应性强、施工工艺便捷等特点，甚至在一些阴阳角、不规则构造处更适合施工，这种强大的适应性使该材料成为施工主流防水材料之一，被广泛应用。

防水涂料根据成膜物质的不同，可分为沥青基防水涂料、高聚物改性沥青防水涂料和合成高分子防水涂料三类，这点与防水卷材相同。按涂料的分散介质不同，其又可分为溶剂型和水乳型两类，如图 6-21 所示。

(a)   (b)

图 6-21　防水涂料

(a) 溶剂型；(b) 水乳型

1. 沥青基防水涂料

沥青基防水涂料的成膜物质是石油沥青，一般可分为溶剂型和水乳型两种。溶剂型沥青防水涂料是将石油沥青直接溶解于汽油等有机溶剂后制得的溶液。沥青溶液施工后所形成的涂膜很薄，一般不单独作防水涂料使用，只用作沥青类油毡施工时的基层处理剂。水乳型沥青防水涂料是将石油沥青分散于水中所形成的稳定的水分散体，如图 6-22 所示。

图 6-22　沥青基防水涂料

目前，常用的沥青类防水涂料有水乳无机矿物厚质沥青涂料、水性石棉沥青防水涂料、石灰乳化沥青、水性铝粉屋面反光涂料、溶剂型屋面反光隔热涂料、膨润土石棉乳化沥青防水涂料、阳离子乳化高蜡石油沥青防水涂料等。

沥青基防水涂料属于中低档防水涂料，具有沥青类防水卷材的基本性质，价格较低，施工简单。

2. 高聚物改性沥青防水涂料

高聚物改性沥青防水涂料是以沥青为基料，用再生橡胶、合成橡胶或 SBS 等对沥青进行改性而制成的水乳型或溶剂型防水涂料。其可分为以下三种类型：

（1）氯丁橡胶沥青防水涂料。氯丁橡胶沥青防水涂料可分为溶剂型和水乳型两种，如图 6-23 所示。其中，水乳型氯丁橡胶沥青防水涂料的特点是涂膜强度大、延伸性好，能充分适应基层的变化，耐热性和低温柔韧性优良，耐臭氧老化、抗腐蚀、阻燃性好，不透水，是一种安全、无毒的防水涂料，已经成为我国防水涂料的主要品种之一。其适用于工业和民用建筑物的屋面防水、墙身防水和楼面防水、地下室和设备管道的防水、旧屋面的维修和补漏，还可用于沼气池、油库等密闭工程混凝土，以提高其抗渗性和气密性。

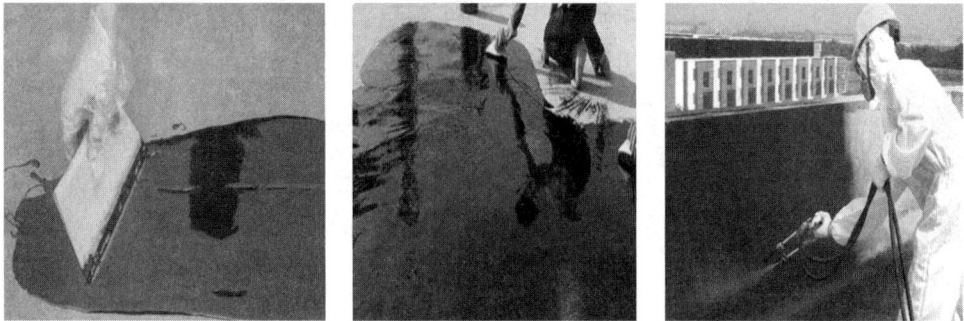

图 6-23 氯丁橡胶沥青防水涂料

（2）水乳型再生橡胶改性沥青防水涂料。水乳型再生橡胶改性沥青防水涂料是由阴离子型再生乳胶和阴离子型沥青乳胶混合均匀构成的，再生橡胶和石油沥青的微粒借助于阴离子表面活性剂的作用，稳定分散在水中而形成的乳状液，如图 6-24 所示。该涂料以水为分散剂，具有无毒、无味、不燃的优点，可在常温下冷施工作业，并可在稍潮湿、无积水的表面施工。涂膜具有一定的柔韧性和耐久性，材料来源广，价格低。它属于薄型涂料，一次涂刷涂膜较薄，需要多次涂刷才能达到规定厚度，加衬玻璃纤维布或合成纤维加筋毡构成防水层。该涂料适用于工业与民用建筑混凝土基层屋面防水、以沥青珍珠岩为保温层的保温屋面防水、地下混凝土建筑防潮，以及旧油毡屋面翻修和刚性自防水屋面的维修等。

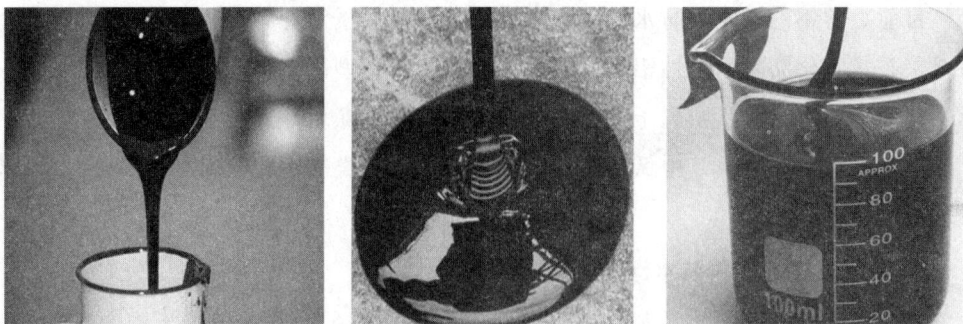

图 6-24   水乳型再生橡胶改性沥青防水涂料

（3）SBS 改性沥青防水涂料。SBS 改性沥青防水涂料是以沥青、橡胶、合成树脂、SBS 及表面活性剂等高分子材料组成的一种水乳型弹性沥青防水涂料，如图 6-25 所示。该涂料柔韧性好、抗裂性强、黏结性能优良、耐老化性能好，与玻璃纤维布等增强胎体复合，能用于任何复杂的基层，防水性能好，可冷施工作业，是较为理想的中档防水涂料。SBS 改性沥青防水涂料适用于复杂基层的防水施工，如卫生间、地下室、厨房、水池等，特别适用于寒冷地区的防水施工。

图 6-25   SBS 改性沥青防水涂料

3. 合成高分子防水涂料

合成高分子防水涂料是以合成橡胶或合成树脂为主要成膜物质，加入其他辅料而配制成的单组分或多组分防水涂料。常见的有硅酮、氯丁橡胶、聚氯乙烯、聚氨酯、丙烯酸酯、丁基橡胶、氯磺化聚乙烯、偏二氯乙烯等防水涂料。该涂料具有高弹性、高耐久性、耐高低温性等，适用于高防水等级的屋面、地下室及卫生间防水。其可分为以下四种类型：

（1）聚氨酯防水涂料。聚氨酯防水涂料是防水涂料中最重要的一类涂料，无论是双组分还是单组分，都属于以聚氨酯为成膜物质的反应型防水涂料，如图 6-26 所示。聚氨酯防水涂料涂膜固化时无体积收缩，具有较大的弹性和延伸率，较好的抗裂性、耐候性、耐酸碱性和耐老化性，适当的强度和硬度，几乎满足作为防水材料的全部特性。当涂膜厚度为 1.5～2.0 mm 时，使用年限可在 10 年以上。而且，对各种基材如混凝土、石、砖、木材、金属等均有良好的附着力，属于高档的合成高分子防水涂料。其广泛应用于屋面、地下工程、卫生间、游泳池防水构造。

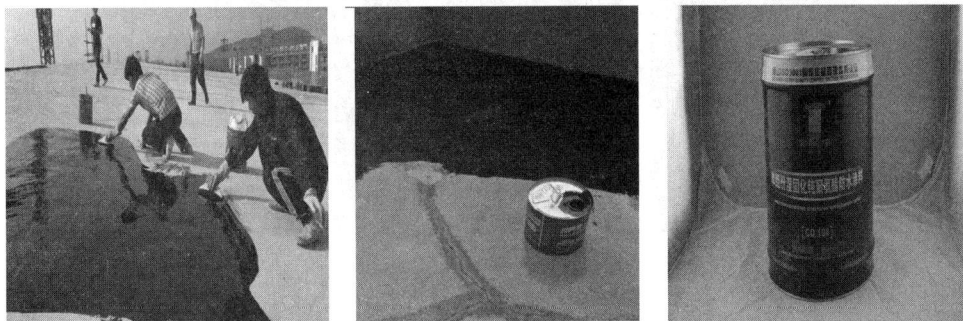

图 6-26　聚氨酯防水涂料

（2）水性丙烯酸酯防水涂料。水性丙烯酸酯防水涂料由于其介质为水，不含任何有机溶剂，因此属于良好的环保型涂料，如图 6-27 所示。这类涂料的最大优点是具有优良的防水性、耐候性、耐热性和耐紫外线性，涂膜延伸性好，弹性好，伸长率可达 250%，能适应基层一定幅度的变形开裂；温度适应性强，在 $-30\sim80$ ℃ 范围内性能无大的变化；可以调制成各种色彩，兼有装饰和隔热效果。这类涂料适用于各类建筑防水工程，如钢筋混凝土、轻质混凝土、沥青和油毡、金属表面、外墙、卫生间、地下室、冷库等，也可用作防水层的维修和作保护层等。

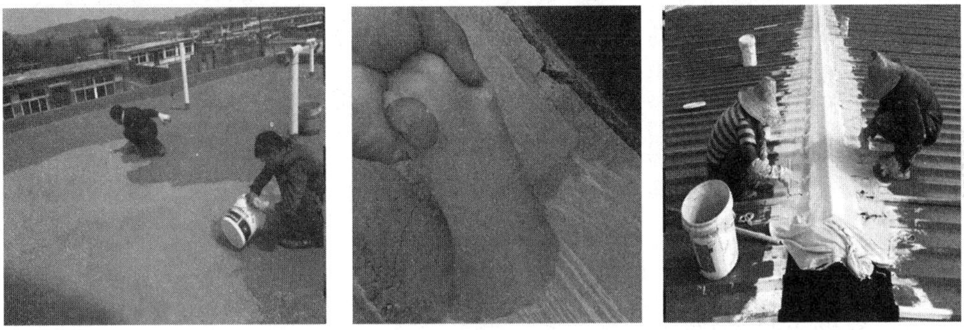

图 6-27　水性丙烯酸酯防水涂料

（3）硅橡胶防水涂料。硅橡胶防水涂料是以硅橡胶胶乳及其他乳液的复合物为主要基料，掺入无机填料及各种助剂配制而成的乳液型防水涂料，如图 6-28 所示。通常由 1 号和 2 号组成。1 号涂布于底层和面层；2 号涂布于中间加强层。该类涂料兼有涂膜防水和渗透防水材料两者的优良特性，具有良好的防水性、抗渗透性、成膜性、弹性、黏结性、延伸性和耐高低温特性，适应基层变形的能力强。硅橡胶防水涂料可渗入基底，与基底牢固黏结，成膜速度快，可以在潮湿基层上施工，可刷涂、喷涂或辊涂。特别是它可以做到无毒级产品，是其他合成高分子防水材料所不能比拟的。因此，硅橡胶防水涂料适用于各类工程，尤其是地下工程的防水、防渗和维修工程，对水质不造成污染。

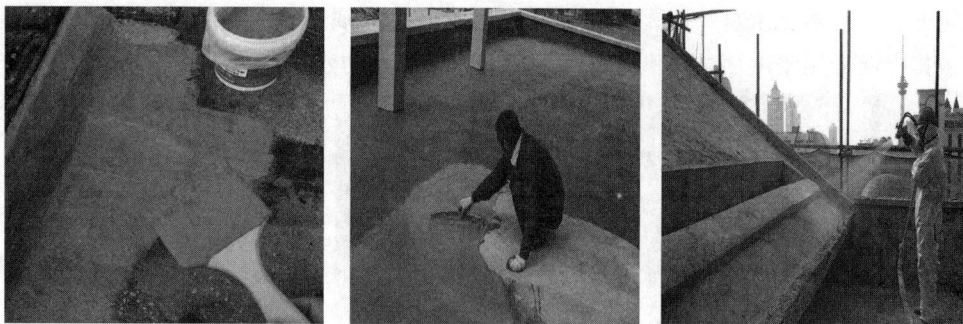

图 6-28　硅橡胶防水涂料

（4）聚氯乙烯防水涂料。聚氯乙烯防水涂料是以聚氯乙烯和煤焦油为基料，加入适量的防老化剂、增塑剂、稳定剂、乳化剂，以水为分散介质所制成的水乳型防水涂料，如图 6-29 所示。施工时，一般要铺设玻璃纤维布、聚酯无纺布等胎体进行增强处理。该类防水涂料弹塑性好，耐寒、耐化学腐蚀、耐老化和成品稳定性好，可以在潮湿的基层上冷施工，防水层的总造价低。聚氯乙烯防水涂料可用于各种一般工程的防水、防渗及金属管道的防腐工程。

图 6-29　聚氯乙烯防水涂料

三、建筑密封材料

建筑密封材料又称为嵌缝材料，是指为达到水密或气密目的而嵌入各种工程结构或构件缝隙中的材料。通常要求建筑密封材料具有良好的黏结性、抗下垂性、不渗水透气，易于施工；还要求具有良好的弹塑性，能长期经受被粘构件的伸缩振动，在接缝发生变化时不断裂、剥落，并要有良好的耐老化性能，不受热和紫外线的影响，长期保持密封所需的黏结性和内聚力等。

微课：建筑密封材料分类及特点

建筑密封材料按形态的不同，一般可分为不定型密封材料和定型密封材料两大类。不定型密封材料常温下呈膏体状态；定型密封材料是将密封材料按密封工程特殊部位的不同要求制成带、条、方、圆、垫片等形状。定型密封材料按密封机理的不同，可分为遇水膨胀型和非遇水膨胀型两类。

1. 沥青油膏

沥青油膏是沥青嵌缝油膏，是以石油沥青为基料，加入改性材料、稀释剂及填充料混合制成，如图 6-30 所示。它具有良好的防水、防潮性能，黏结性好，延伸率高，耐高温、低温性能好，老化缓慢，适用于各种混凝土屋面、墙板及地下工程的接缝密封等，是一种较好的密封材料。

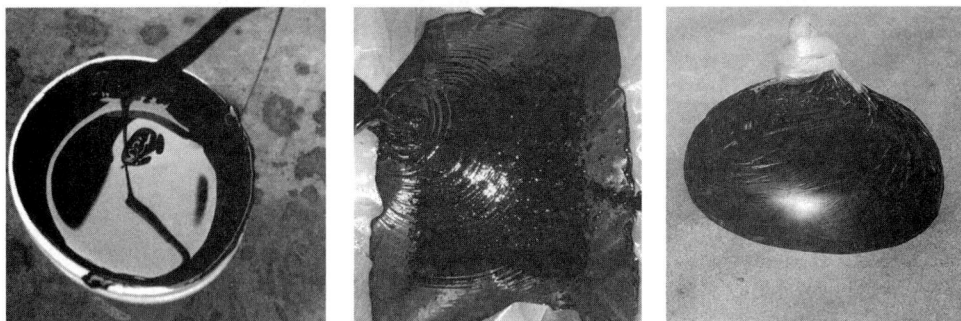

图 6-30　沥青油膏

2. 聚氯乙烯密封膏

聚氯乙烯密封膏主要的特点是生产工艺简单，原材料来源广，施工方便，具有良好的耐热性、黏结性、弹塑性、防水性及较好的耐寒性、耐腐蚀性和耐老化性能，如图 6-31 所示。其适用于各种工业厂房和民用建筑的屋面防水嵌缝，以及受酸碱腐蚀的屋面防水，也可用于地下管道的密封和卫生间等。

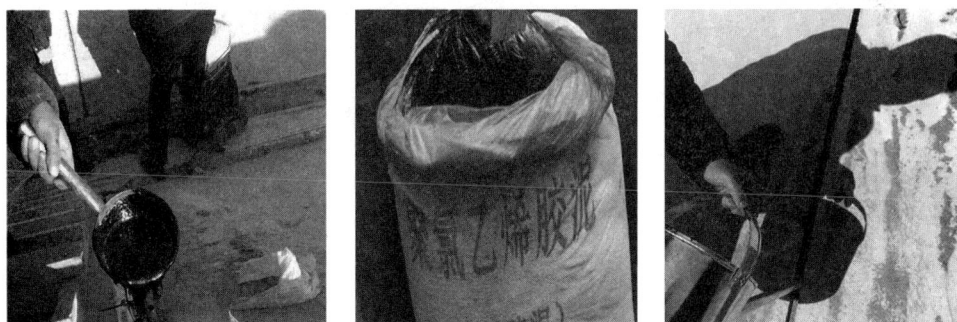

图 6-31　聚氯乙烯密封膏

3. 硅酮密封胶

硅酮密封胶具有优良的耐热、耐寒、耐老化及耐紫外线等耐候性能，与各种基材如混凝土、铝合金、不锈钢、塑料等有良好的粘结力，并且具有良好的伸缩耐疲劳性能，防水、防潮、抗振、气密及水密性能好，如图 6-32 所示。其适用于各类铝合金、玻璃、门窗、石材等的嵌缝。

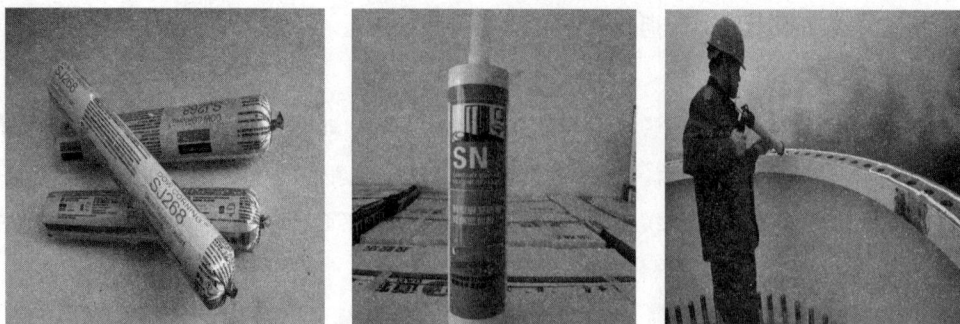

图 6-32　硅酮密封胶

4. 聚硫橡胶密封材料

聚硫橡胶密封材料的特点是弹性特别高，能适应各种变形和振动，黏结强度好，抗拉强度高，延伸率大，直角撕裂强度大，并且还具有优异的耐候性，极佳的气密性和水密性，良好的耐油、耐溶剂、耐氧化、耐湿热和耐低温性能，使用温度范围广，对各种基材如混凝土、陶瓷、木材、玻璃、金属等均有良好的黏结性能，如图 6-33 所示。聚硫橡胶密封材料适用于混凝土墙板、屋面板、楼板、地下室等部位的接缝密封及金属幕墙、金属门窗框四周、中空玻璃的防水、防尘密封等。

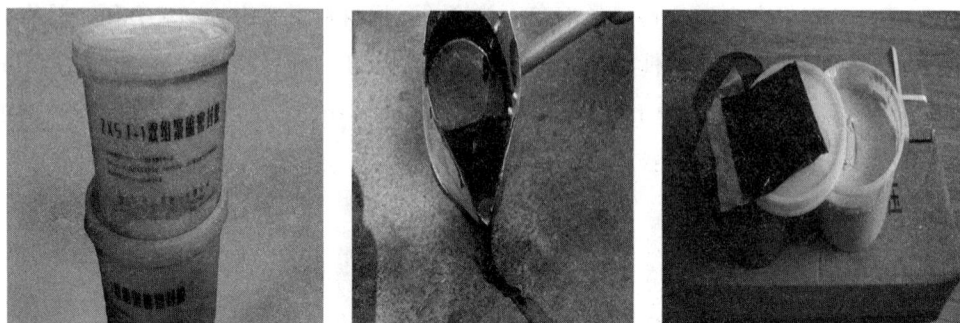

图 6-33　聚硫橡胶密封材料

5. 聚氨酯弹性密封膏

聚氨酯弹性密封膏对金属、混凝土、玻璃、木材等均有良好的黏结性能，具有弹性大、延伸率大、黏结性好、耐低温、耐水、耐油、耐酸碱、抗疲劳及使用年限长等优点，如图 6-34 所示。与聚硫、有机硅等反应型建筑密封膏相比，价格较低。聚氨酯弹性密封膏广泛应用于墙板、屋面、伸缩缝等沟、缝部位的防水密封工程，以及给水排水管道、蓄水池、游泳池、道路桥梁、机场跑道等工程的接缝密封与渗漏修补，也可用于玻璃、金属材料的嵌缝。

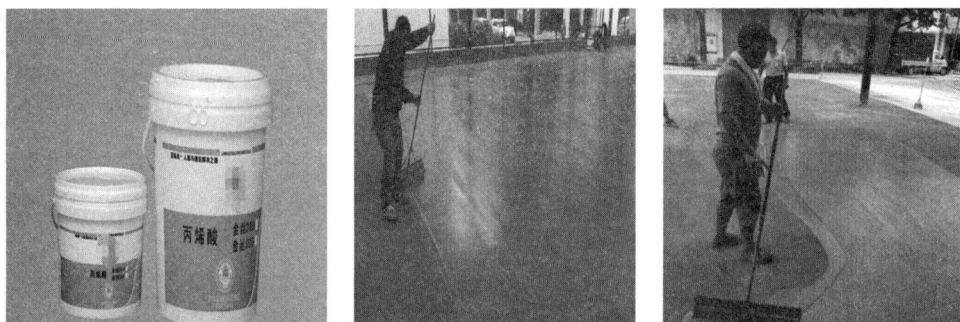

图 6-34　聚氨酯弹性密封膏

6. 水乳型丙烯酸密封膏

水乳型丙烯酸密封膏具有良好的黏结性能、弹性和低温柔韧性能，无溶剂污染、无毒、不燃，可在潮湿的基层上施工，操作方便，特别是具有优异的耐候性和耐紫外线老化性能，属于中档建筑密封材料，如图 6-35 所示。其使用范围广、价格低、施工方便，综合性能明显优于非弹性密封膏和热塑性密封膏，但要比聚氨酯、聚硫、有机硅等密封膏差。水乳型丙烯酸密封膏主要用于外墙伸缩缝、屋面板缝、石膏板缝、给水排水管道与楼屋面接缝等处的密封。

图 6-35　水乳型丙烯酸密封膏

单元二　建筑保温材料

现代建筑及装饰对建筑功能要求越来越高，要求满足保温隔热、隔声、装饰、防火、防辐射等基本功能要求，保温隔热材料和吸声材料都具有质轻、多孔或纤维状的特点。保温隔热材料不仅能保温隔热，满足人们舒适的居住办公条件，而且有着显著的节能效果。采用良好的吸声或隔声材料，可以减轻噪声污染的危害，保持室内良好的音响效果。

一、建筑保温材料的概念及分类

1. 建筑保温材料的概念

建筑保温材料一般要求密度小、导热系数小、吸水率低、尺寸稳定性好、保温性能可靠、施工方便、环境友好、造价合理。建筑保温材料能阻止热量的损失，保持室内温度，是我国现在大力倡导使用的节能环保材料。这类材料能够阻止热量传递，或者热绝缘能力较强，故也称为绝热材料。我国暖房子工程就使用此材料，如图 6-36 所示。

微课：建筑保温
材料概念及分类

图 6-36　建筑保温材料

2. 建筑保温材料的分类

保温隔热材料按化学成分，可分为有机和无机两大类；按材料的构造，可分为纤维状、松散粒状和多孔状三种，如图 6-37 所示。保温隔热材料通常可制成板、片、卷材或管壳等多种形式的制品。一般来说，无机保温隔热材料的表观密度较大，但不易腐朽，不会燃烧，有的能耐高温。有机保温隔热材料则质轻，绝热性能好，但耐热性较差。

保温隔热材料导热系数主要受材料的性质、表观密度与孔隙特征、温度、湿度及热流方向等因素影响。

（a）　　　　　　　　　　（b）　　　　　　　　　　（c）

图 6-37　建筑保温材料的分类

（a）纤维状；（b）松散粒状；（c）多孔状

二、常用建筑保温材料特点及应用

建筑保温材料是指用于建筑物保温和隔热的材料。它们被应用在建筑物的墙体、屋顶、地板和管道等部位，以提供良好的保温性能和能源效率。这些材料具有隔热、保温、耐久、安全等特点，可以有效地减少热量传递和能量损失，提高室内舒适度，并节约能源。选择合适的建筑保温材料需要考虑建筑的使用环境、气候条件、预算和施工要求等因素。

微课：常用建筑保温材料特点及应用

1. 纤维状保温材料的特点及应用

纤维状保温材料主要是以矿棉、石棉、玻璃棉及植物纤维等为主要原料，制成板、筒、毡等形状的制品，广泛用于住宅建筑和热工设备、管道等的保温隔热。这类保温隔热材料通常也是良好的吸声材料。其主要可分为以下几种。

（1）石棉及其制品。石棉是一种天然矿物纤维，主要化学成分是含水硅酸镁，具有耐火、耐热、耐酸碱、绝热、防腐、隔声及绝缘等特性，如图 6-38 所示。石棉常被制成石棉粉、石棉纸板、石棉毡等制品。由于石棉中的粉尘对人体有害，因此在民用建筑中已很少使用，目前主要用于工业建筑的隔热、保温及防火覆盖等。

图 6-38　石棉及其制品

（2）矿棉及其制品。矿棉一般包括矿渣棉和岩石棉。矿渣棉所用原料有高炉硬矿渣、铜矿渣等，并加一些钙质和硅质原料；岩石棉的主要原料为天然岩石，如图 6-39 所示。上述原料经熔融后，用喷吹法或离心法制成细纤维。矿棉具有轻质、不燃、绝热和绝缘等性能，且原料来源广，成本较低，可制成矿棉板、矿棉毡及管壳等。其可用作建筑物的墙壁、屋顶、顶棚等处的保温隔热和吸声材料，以及热力管道的保温材料。

图 6-39　矿棉及其制品

（3）玻璃棉及其制品。玻璃棉是用玻璃原料或碎玻璃经熔融后制成的纤维材料，包括短棉和超细棉两种，如图 6-40 所示。玻璃棉可被制成沥青玻璃棉毡、板及酚醛玻璃棉毡、板等制品，广泛用作温度较低的热力设备和房屋建筑中的保温隔热材料。同时，它还是良好的吸声材料。

图 6-40　玻璃棉及其制品

（4）植物纤维复合板。植物纤维复合板是以植物纤维为主要材料，加入胶结料和填加料而制成的，如图 6-41 所示，可用于墙体、地板、顶棚等，也可用于冷藏库、包装箱等。木质纤维板是以木材下脚料经机械制成木丝，加入硅酸钠溶液及普通硅酸盐水泥，经搅拌、成型、冷压、养护、干燥而制成。甘蔗板是以甘蔗渣为原料，经过蒸制、加压、干燥等工序制成的一种轻质、吸声、保温、绝热的材料。

图 6-41　植物纤维复合板

（5）陶瓷纤维绝热制品。陶瓷纤维绝热制品是以氧化硅、氧化铝为主要原料，经高温熔融、蒸汽喷吹或离心喷吹而制成，如图 6-42 所示。其可加工成纸、绳、带、毯、毡等制品，供高温绝热或吸声之用。

图 6-42　陶瓷纤维绝热制品

2. 松散粒状保温材料的特点及应用

通常，松散粒状保温材料由轻质颗粒或纤维组成，因此质量较轻。这使它们在施工过程中更容易处理和安装，并且减轻了建筑物的负荷。松散粒状保温材料之间存在空气孔隙，这些孔隙可以阻止热量传导和对流。它们具有较低的热导率，提供了良好的保温效果，有效地减少了热量损失。这类保温材料具有良好的柔韧性和可塑性，可以适应各种形状和表面。它们可以填充和覆盖不规则的空间，填补裂缝和缝隙，确保保温效果的连续性和完整性。许多松散粒状保温材料经过阻燃处理，具有良好的防火性能。它们能够减缓火势蔓延并降低火灾对建筑物和人员的威胁。这类材料通常用于填充墙体空腔、屋顶结构、地板下等位置，提供有效的保温和隔热效果。它们在新建和翻修项目中广泛应用，适用于各种建筑类型和形状。

（1）膨胀蛭石及其制品。膨胀蛭石是一种天然矿物，经 $850\sim1\,000$ ℃高温煅烧，体积急剧膨胀，单颗粒体积能膨胀约 20 倍，如图 6-43 所示。膨胀蛭石的主要特性是可在 $1\,000\sim1\,100$ ℃温度下使用，不蛀、不腐，但吸水性较大。膨胀蛭石可以呈松散粒状铺设于墙壁、楼板、屋面等夹层中，作为绝热、隔声之用，也可与水泥、水玻璃等胶凝材料配合，浇制成板，用作墙、楼板和屋面板等构件的绝热材料。

图 6-43　膨胀蛭石及其制品

（2）膨胀珍珠岩及其制品。膨胀珍珠岩是由天然珍珠岩煅烧而成的，呈蜂窝泡沫状的白色或灰白色颗粒，是一种高效能的保温隔热材料，如图 6-44 所示。其最高使用温度可达 800 ℃，最低使用温度为 -200 ℃。具有吸湿小、无毒、不燃、抗菌、耐腐、施工方便等特点。建筑上广泛用作围护结构、低温及超低温保冷设备、热工设备等的绝热保温材料，也可用于制作吸声制品。

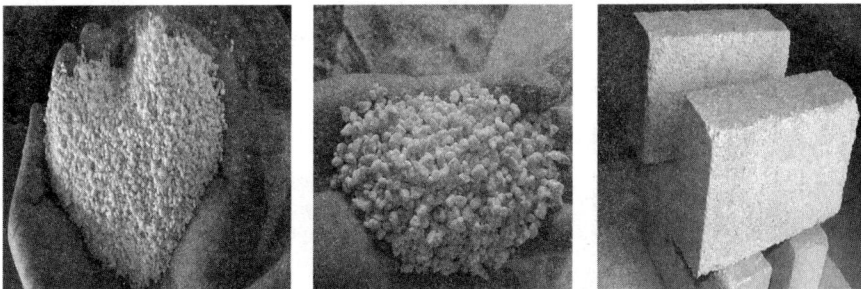

图 6-44　膨胀珍珠岩及其制品

3. 多孔状保温材料的特点及应用

多孔状保温材料的结构中含有大量的孔隙，这些孔隙可以减少热传导和对流。通过增加材料的孔隙率和孔隙大小，可以有效地降低热传导和热对流的发生，从而提供良好的保温效果。由于孔隙结构的存在，具有较低的热导热系数。这意味着它们能够有效地抵抗热量的传导，减少热量损失。多孔状保温材料通常由轻质材料制成，具有较低的密度和较轻的质量。这使它们在施工过程中更加方便搬运和安装，并减轻了建筑物的负荷。同时，多孔状保温材料具有良好的吸湿性能，也能吸收和分散声波，从而降低噪声传播。它们可以有效地改善建筑物内部的声学环境，提供更加安静和舒适的生活及工作环境。这类材料常用于墙体、屋顶、地板和管道等部位的保温与隔热。它们可以在建筑物中形成连续的保温层，提供良好的热阻抗，减少能量损失和热桥效应。

（1）微孔硅酸钙制品。微孔硅酸钙制品是用粉状二氧化硅材料、石灰、纤维增强材料及水等经搅拌、成型、蒸压处理和干燥等工序而制成，如图 6-45 所示。其可用于围护结构及管道保温，效果较水泥膨胀珍珠岩和水泥膨胀蛭石更好。

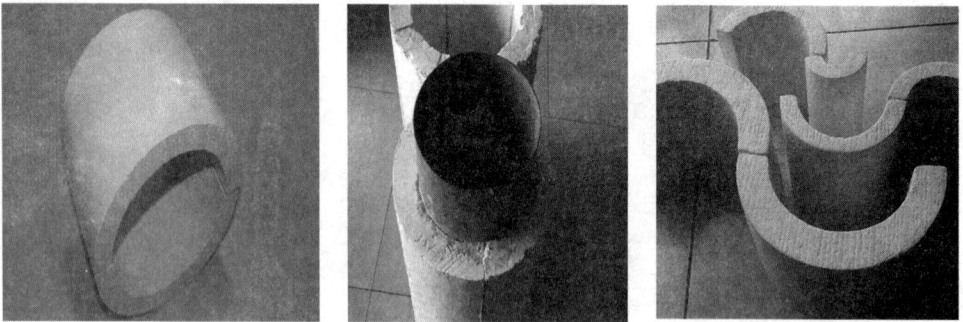

图 6-45　微孔硅酸钙制品

（2）泡沫玻璃。泡沫玻璃是由玻璃粉和发泡剂等经配料、烧制而成，如图 6-46 所示。其气孔率为 80%～95%，气孔直径为 0.1～5.0 mm，且大量为封闭而孤立的小气泡。其耐久性好，易加工，可用于多种绝热需要。

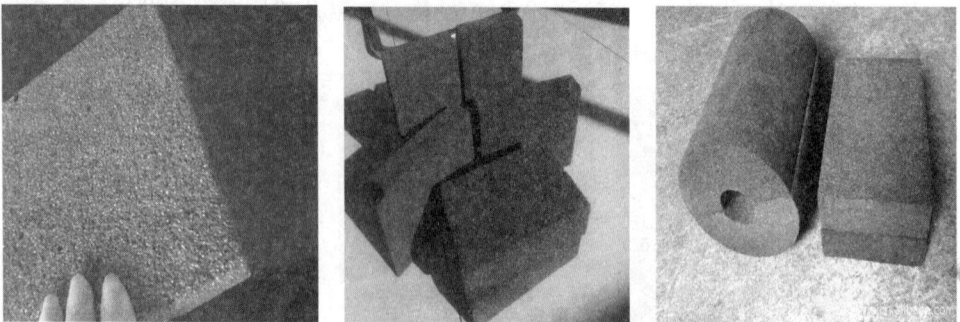

图 6-46　泡沫玻璃

（3）泡沫混凝土。泡沫混凝土是由水泥、水、松香泡沫剂混合后，经搅拌、成形、养护而制成的一种多孔、轻质、保温、绝热、吸声的材料，如图 6-47 所示，也可用粉煤灰、石灰、石膏和泡沫剂制成粉煤灰泡沫混凝土。

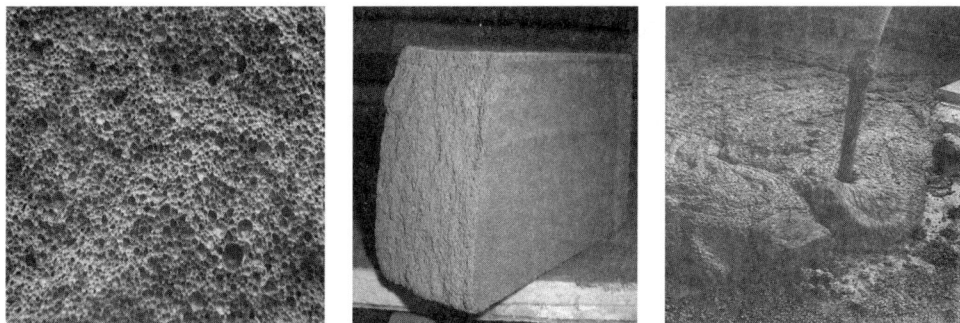

图 6-47　泡沫混凝土

（4）加气混凝土。加气混凝土是由水泥、石灰、粉煤灰和发泡剂（铝粉）配制而成的一种保温、绝热性能良好的轻质材料，如图 6-48 所示。由于加气混凝土的表观密度小，导热系数是烧结普通砖的六分之一，因而 240 mm 厚的加气混凝土墙体，其保温绝热效果优于 370 mm 厚的砖墙。此外，加气混凝土的耐火性能良好。

图 6-48　加气混凝土

（5）硅藻土。硅藻土由水生硅藻类生物的残骸堆积而成，如图 6-49 所示。其孔隙率为 50%～80%，具有很好的绝热性能。其最高使用温度可达 900 ℃，可用作填充料或制成制品。

硅藻土会呼吸的土壤

采用源自长白山的优质硅藻土 硅藻土含量高达70%富含
多种有益矿物质不含重金属 健康环保不 添加化学成分

硅藻土　　　　　长白山硅藻土原矿

图 6-49　硅藻土

4. 泡沫塑料保温材料的特点及应用

泡沫塑料保温材料是以各种树脂为基料，加入一定剂量的发泡剂、催化剂、稳定剂等辅助材料，经加热发泡而制成的一种具有轻质、保温、绝热、吸声、抗震性能好的材料。泡沫塑料保温材料具有较低的导热系数，能够有效地隔离热量传导，减少热量损失；能够提供良好的保温效果，帮助维持室内温度，减少能源消耗。这种材料质量轻，便于搬运和安装。它们通常以板状或块状供应，可以根据需要裁剪和安装，适用于各种建筑结构和形状。同时具有一定的柔韧性和可塑性，可以适应不规则的表面和形状。它们能够填充空隙和覆盖不平整的表面，提供连续的保温层。泡沫塑料保温材料还具有良好的耐水性能，不容易吸湿和受潮。这有助于保持保温材料的稳定性和保温效果，减少湿气对建筑物的影响。泡沫塑料保温材料广泛应用于建筑领域的保温和隔热工程，常见的应用包括墙体保温、屋顶保温、地板保温、管道保温等领域。

（1）聚氨酯泡沫塑料。聚氨酯泡沫塑料是将含有羟基的聚醚或聚酯树脂与异氰酸酯反应构成聚氨酯主体，并由异氰酸酯与水反应生成的二氧化碳或用发泡剂发泡而得到的内部具有无数小气孔的材料，如图 6-50 所示。其可分为软质、半硬质和硬质三类，在建筑工程上较为常用。

图 6-50　聚氨酯泡沫塑料

（2）聚苯乙烯泡沫塑料。聚苯乙烯泡沫塑料（EPS）是以聚苯乙烯树脂为基料，加入发泡剂等辅助材料，经热发泡而形成的轻质材料，如图 6-51 所示。按成型工艺不同，聚苯乙烯泡沫塑料可分为模塑型（EPS）和挤塑型（XPS）。EPS 自重轻，已成为目前使用最广泛的保温隔热材料。但是其体积吸水率大，受潮后导热系数明显增加，而且 EPS 的耐热性能较差，故其长期使用温度应低于 75 ℃。

图 6-51　聚苯乙烯泡沫塑料

5. 其他保温隔热材料

（1）软木板。软木板也称为栓木，是以栓皮、栎树皮或黄菠萝树皮为原料，经破碎后与皮胶溶液拌和，再加压成型，在温度为 80 ℃的干燥室中干燥而制成，如图 6-52 所示。软木板具有表观密度小、导热性低、抗渗和防腐性能好等特点，常用热沥青错缝粘贴，用于冷藏库的隔热。

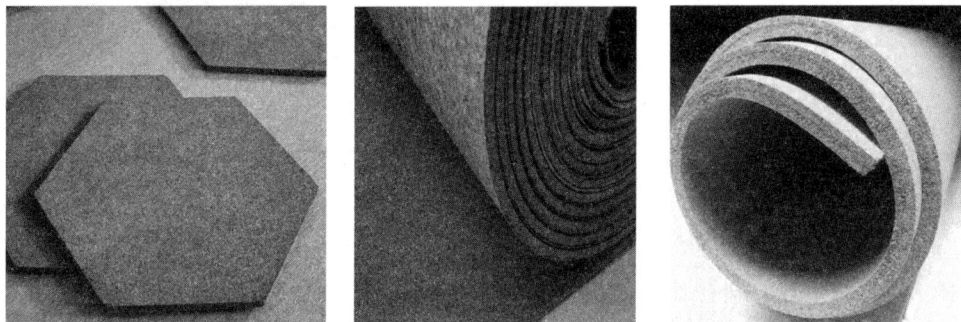

图 6-52　软木板

（2）蜂窝板。蜂窝板是由两块较薄的面板牢固地黏结在一层较厚的蜂窝状芯材两面而制成的板材，也称为蜂窝夹层结构，如图 6-53 所示。常用的面板为浸渍过树脂的牛皮纸、玻璃布或不经树脂浸渍的胶合板、纤维板、石膏板等。这种材料具有强度高、导热性低和抗震性好等多种功能。

图 6-53　蜂窝板

单元三　建筑墙体材料

一、常用墙体材料类型

依据《墙体材料术语》（GB/T 18968—2019）的规定，墙体材料是指构成建筑物墙体的制品单元。其主要有砖（图 6-54）、砌块（图 6-55）、板材（图 6-56）等。

图 6-54　砖　　　　　　　图 6-55　砌块　　　　　　图 6-56　板材

二、砖

依据《墙体材料术语》（GB/T 18968—2019）规定，砖是指建筑用的人造小型块材。外形多为直角六面体，也有各种异形的。其长度不超过 365 mm，宽度不超过 240 mm，高度不超过 115 mm。

微课：墙体材料
基本知识与砖

砖有很多种分类方式，按所用原材料，砖可分为黏土砖、页岩砖、煤矸石砖、粉煤灰砖、灰砂砖和炉渣砖等。

按生产工艺，砖可分为烧结砖（图 6-57）和非烧结砖（图 6-58）。其中，烧结砖是指经成型、干燥、焙烧而制成的砖，常结合主要原材料命名，如烧结黏土砖、烧结粉煤灰砖、烧结页岩砖、烧结煤矸石砖等；非烧结砖又可分为蒸养砖和蒸压砖等；蒸养砖是经常压蒸汽养护硬化而制成的砖，常结合主要原料命名；蒸压砖是经高压蒸汽养护硬化而制成的砖，常结合主要原料命名。

图 6-57　烧结砖　　　　　　　　图 6-58　非烧结砖

按有无孔洞，砖可分为实心砖（图 6-59）、多孔砖（图 6-60）、空心砖（图 6-61）。其中，实心砖是指无孔洞或孔洞率小于 25％的砖；多孔砖是指孔洞率等于或大于 25％，孔的尺寸小而数量多的砖；空心砖是指孔洞率等于或大于 40％，孔的尺寸大而数量少的砖。实心砖与多孔砖常用于承重部位，空心砖只能用于非承重部位。

图 6-59 实心砖

图 6-60 多孔砖

图 6-61 空心砖

1. 烧结普通砖

依据《墙体材料术语》（GB/T 18968—2019）规定，烧结普通砖是指以黏土、页岩、煤矸石、粉煤灰、污泥等为主要原料，经成型、干燥和焙烧而制成，无孔洞或孔洞率小于 25% 的普通砖。

（1）产品分类。按主要原料，烧结砖可分为黏土砖、页岩砖等 8 类。当采用两种原材料，掺配比质量大于 50% 以上的为主要原材料；当采用 3 种或 3 种以上原材料，掺配比质量最大者为主要原材料。污泥掺量达到 30% 以上的，可称为污泥砖。

（2）等级。砖的强度等级分为 MU30、MU25、MU20、MU15 和 MU10 五级。通常采用"MU＋数字"来表示砖的强度等级。如 MU15 表示砖的抗压强度为 15 MPa。

（3）规格。砖的外形为直角六面体，其公称尺寸为长 240 mm、宽 115 mm、高 53 mm，如图 6-62 所示。常用配砖规格为 175 mm×115 mm×53 mm；其他配砖规格由供需双方协商确定。烧结普通砖的长∶宽∶高接近于 4∶2∶1，这样的比例关系十分有利于错缝。烧结普通砖再加上 10 mm 砌筑灰缝，4 块砖长、8 块砖宽、16 块砖厚均为 1 m，因此，1 m³ 砌体需烧结普通砖 512 块。

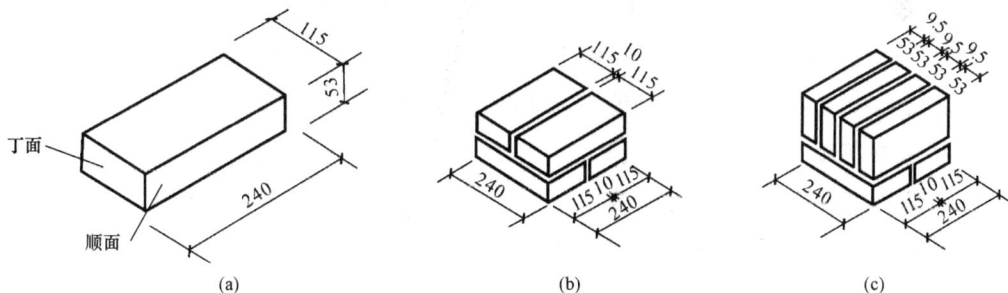
图 6-62 烧结普通砖公称尺寸

（4）标记。砖的产品标记按产品名称的英文缩写、类别、强度等级和标准编号顺序编写。例如：

FCB N MU15 GB/T 5101

其中，FCB 表示烧结普通砖的英文缩写；N 表示黏土砖；MU15 表示强度等级为 15 MPa；GB/T 5101 表示标准编号。

2. 烧结多孔砖

（1）规格。烧结多孔砖的长度、宽度、高度尺寸符合规范要求即可，烧结多孔砖尺寸规格众多，可以根据不同需要进行适当选择。不同厚度的墙体一般会选用典型块型，如 240 墙尺寸典型块型为 240 mm×115 mm×90 mm；190 墙尺寸典型块型为 190 mm×140 mm×90 mm。

《烧结多孔砖和多孔砌块》（GB/T 13544—2011）附录 B 还给出了烧结多孔砖的示意图例，可供参考。

（2）等级。烧结多孔砖的等级可分为强度等级和密度等级两类。烧结多孔砖的强度等级与烧结普通砖相同，其密度等级分为 1 000、1 100、1 200、1 300 四个等级；密度等级 1 000 表示 3 块烧结多孔砖干燥表观密度平均值的范围在 901～1 000 kg/m³。

非烧结砖是通过配料中掺入一定量胶凝材料或在生产过程中形成一定量的胶凝物质而制得，是替代烧结普通砖的新型墙体材料之一。非烧结砖的主要缺点是干燥收缩较大和压制成形产品的表面过于光洁，干缩值一般在 0.50 mm/m 以上，容易导致墙体开裂和粉刷层剥落。

3. 蒸压灰砂砖

蒸压灰砂砖是以石灰和砂为主要原料，经磨细、混合搅拌、陈化、压制成型和蒸压养护制成的。一般石灰占 10%～20%，砂占 80%～90%。蒸压养护的压力为 0.8～1.0 MPa，温度在 175 ℃左右，经 6 h 左右的湿热养护，使原来在常温常压下几乎不与 $Ca(OH)_2$ 反应的砂（晶态二氧化硅），产生具有胶凝能力的水化硅酸钙凝胶，水化硅酸钙凝胶与 $Ca(OH)_2$ 晶体共同将未反应的砂粒黏结起来，从而使砖具有强度。

蒸压灰砂砖的规格与烧结普通砖相同，分为 MU10、MU15、MU20、MU25、MU30 五个强度等级。强度等级在 MU15 及 MU15 以上的砖可用于基础及其他建筑部位，MU10 砖可用于砌筑防潮层以上的墙体；灰砂砖不宜在温度高于 200 ℃，以及承受急冷急热或有酸性介质侵蚀的建筑部位长期使用。

4. 粉煤灰砖

粉煤灰砖是以粉煤灰和石灰为主要原料，掺加适量石膏和炉渣，加水混合拌成坯料，经陈化、轮碾、加压成型，再通过常压或高压蒸汽养护而制成的一种墙体材料。其尺寸规格与烧结普通砖相同。

粉煤灰砖根据外观质量、强度、抗冻性和干燥收缩值，分为优等品、一等品和合格品。粉煤灰砖的强度等级分为 MU30、MU25、MU20、MU15 和 MU10 五级。一般要求优等品和一等品的干燥收缩值不大于 0.65 mm/m，合格品的干燥收缩值不大于 0.75 mm/m。

粉煤灰砖可用于工业与民用建筑的墙体和基础。但用于基础或易受冻融和干湿交替作用的建筑部位时，必须采用一等品与优等品。用粉煤灰砖砌筑的建筑物应适当增设圈梁及伸缩缝或其他措施，以避免或减少收缩裂缝。粉煤灰砖不得用于长期受热（200 ℃以上）、受急冷急热和有酸性介质侵蚀的建筑部位。

三、砌块与墙板

1. 砌块的规格

依据《墙体材料术语》（GB/T 18968—2019）规定，砌块是指建筑用的人造块材，外形多为直角六面体，也有各种异形的。砌块系列中主规格的长度、宽度或高度有一项或一项以上分别大于 365 mm、240 mm 或 115 mm，但高度不大于长度或宽度的 6 倍，长度不超过高度的 3 倍。

砌块按尺寸和质量的大小不同，可分为小型砌块、中型砌块和大型砌块。小型砌块系列中主规格的高度大于 115 mm 而又小于 380 mm 的砌块，简称小砌块；中型砌块系列中主规格的高度为 380～980 mm 的砌块，简称中砌块；大型砌块系列中主规格的高度大于 980 mm 的砌块，简称大砌块。

砌块按外观形状不同，可分为实心砌块和空心砌块。实心砌块是指无孔洞或空心率小于 25% 的砌块；空心砌块是指空心率等于或大于 25% 的砌块。

2. 普通混凝土小型砌块

依据《墙体材料术语》（GB/T 18968—2019）规定，普通混凝土小型砌块是指以水泥、矿物掺合料、砂、石、水等为原材料，经搅拌、振动成型、养护等工艺制成的小型砌块。

（1）规格。砌块的外形宜为直角六面体，常用砌块的规格尺寸见表 6-1。

表 6-1　砌块的规格尺寸

长度/mm	宽度/mm	高度/mm
390	90、120、140、190、240、290	90、140、190

砌块各部位的名称如图 6-63 所示，砌块主规格为 390 mm×190 mm×190 mm。

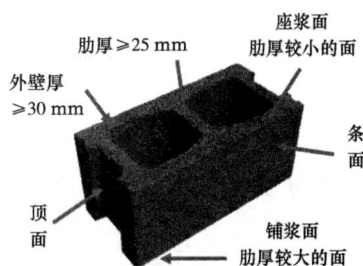

图 6-63　砌块各部分的名称

（2）种类。按空心率分为空心砌块和实心砌块。空心砌块的空心率不小于25%，代号H；实心砌块的空心率小于25%，代号S。

按使用时砌筑墙体的结构和受力情况，可分为承重结构用砌块和非承重结构用砌块。承重结构用砌块，代号L，简称承重砌块；非承重结构用砌块，代号N，简称非承重砌块。

（3）等级。砌块的强度等级按砌块的抗压强度等级分级，不同类型砌块的强度等级见表6-2，单位为MPa。

表6-2　不同类型砌块的强度等级　　　　　　　　　　　　　　　MPa

砌块种类	承重砌块（L）	非承重砌块（N）
空心砌块（H）	7.5、10.0、15.0、20.0、25.0、	5.0、7.5、10.0
实心砌块（S）	15.0、20.0、25.0、30.0、35.0、40.0	10.0、15.0、20.0

（4）吸水率。L类砌块的吸水率应不大于10%；N类砌块的吸水率应不大于14%。

1）线性干燥收缩值。L类砌块的线性干燥收缩值应不大于0.45 mm/m；N类砌块的线性干燥收缩值应不大于0.65 mm/m。

2）抗冻性。砌块的抗冻性在夏热冬暖地区、夏热冬冷地区、寒冷地区、严寒地区应符合表6-3的规定。

表6-3　砌块的抗冻性要求

使用条件	抗冻指标	质量损失率	强度损失率
夏热冬暖地区	F15	平均值≤5% 单块最大值≤5%	平均值≤20% 单块最大值≤30%
夏热冬冷地区	F25		
寒冷地区	F35		
严寒地区	F50		

混凝土小型空心砌块具有强度高、自重轻、耐久性好等优点，部分砌块还具有美观的饰面及良好的保温隔热性能，适用于建造各种类型的建筑物，包括高层和大跨度建筑，以及围墙、挡土墙、花坛等设施，应用范围十分广泛。

砌块建筑还具有使用面积增大、施工速度较快、建筑造价和维护费用较低等优点；但混凝土小型空心砌块的收缩较大，易产生收缩变形、不便砍削施工和管线布置等不足之处。

为了改善单排孔砌块对管线布置带来的不利影响，近年来对孔洞结构做了大量的改进。目前实际生产和应用较多的为双排孔、三排孔与多排孔结构。

3. 墙板

依据《墙体材料术语》（GB/T 18968—2019）规定，墙板是指用于墙体的各类建筑板材，包括大型墙板、条板和薄板等。

建筑墙体板材主要有用于内墙或隔墙的轻质墙板及用于外墙的挂板和承重墙板。建筑墙体板材的种类繁多，主要有纸面石膏板、石膏纤维板、石膏空心条板、石膏刨花板、GRC 轻质多孔条板、GRC 平板、纤维增强水泥平板（TK 板）、水泥刨花板、轻质陶粒混凝土条板、固定式挤压成型混凝土多孔条板、轻骨料混凝土配筋墙板等。下面主要介绍几类常用的墙板。

（1）纸面石膏板。纸面石膏板是以建筑石膏为主要原料，掺入适量添加剂与纤维做板芯，以特制的板纸为护面，经加工制成的板材。其具有良好的柔韧性、阻燃性，平整度好，可以根据需要任意裁切，可锯、可刨、可钉，施工速度快、工效高、劳动强度小，特殊的纸面石膏板还能防水、防火。普通纸面石膏板的耐火极限一般为 5～15 min。板材的耐水性差，受潮后各类石膏板的强度明显下降，且会产生较大变形或较大的挠度。纸面石膏板主要用于吊顶、隔墙、内墙贴面等。

（2）GRC 板（玻璃纤维增强水泥复合墙板）。GRC 板是以低碱度水泥砂浆为基材，耐碱玻璃纤维做增强材料，制成板材面层，内置钢筋混凝土肋，并填充绝热材料内芯，以台座法一次制成的新型轻质复合墙。GRC 板质量轻，防水、防火性能好，同时具有较高的抗折、抗冲击性能和良好的热工性能。GRC 板可以作为建筑物的内隔墙和吊顶板，经过表面压花覆涂之后也可作为建筑物的外墙。

（3）纤维增强水泥平板（TK 板）。纤维增强水泥平板是以低碱水泥、中碱玻璃纤维或短石棉纤维为原料生产的建筑用水泥平板。其分为无压板和压力板。纤维增强水泥平板具有良好的防火绝缘性能（防火等级达到 A 级），较好的防水防潮性能，以及较好的隔热隔声、耐酸碱、耐腐蚀性能，施工简便，加工性能良好，干作业等优点。无压板一般用于低档建筑吊顶隔墙等部位，中档的建筑隔墙吊顶等部位。压力板一般用于高档建筑的钢结构外墙、钢结构楼板等。

模块小结

本模块主要讲解建筑材料中较为常见的防水、保温和墙体材料的特点及用途。通过本模块的学习，学生应掌握不同类型功能材料的概念、分类、性质与应用，能合理选用各类建筑功能材料。

思考与练习

一、单选题

1. 下列不是防水卷材的性能要求的是（　　）。

    A. 耐水性   B. 温度稳定性

    C. 抗裂性   D. 拉伸性

2. 下列不是沥青卷材的特点的是（　　　）。

　　A. 价格低　　　　　B. 耐腐蚀　　　　　C. 档次高　　　　　D. 黏附性好

3. 下列不是高聚物改性沥青防水卷材的是（　　　）。

　　A. 三元乙丙橡胶防水卷材　　　　　B. SBS 改性沥青防水卷材

　　C. APP 改性防水卷材　　　　　　　D. 氧化沥青防水卷材

4. SBS 改性沥青防水卷材中的 B 是（　　　）。

　　A. 苯乙烯　　　　　B. 丁二烯　　　　　C. 氯乙烯　　　　　D. 无规聚丙烯

5. 三元乙丙橡胶防水卷材使用寿命能达（　　　）年。

　　A. 3　　　　　　　B. 5　　　　　　　C. 30　　　　　　　D. 10

6. 下列选项不是防水涂料的性能特点的是（　　　）。

　　A. 多功能性　　　　　　　　　　　　B. 防火性好

　　C. 适应性强　　　　　　　　　　　　D. 施工工艺好

7. 下列不是建筑密封材料的使用功能的是（　　　）。

　　A. 隔声　　　　　　B. 保温　　　　　C. 防水　　　　　　D. 防火

8. 建筑保温隔热材料按构造分类可分为（　　　）种类型。

　　A. 1　　　　　　　B. 2　　　　　　　C. 3　　　　　　　　D. 4

9. 烧结普通砖强度等级的表示方法是（　　　）。

　　A. D10　　　　　　B. C30　　　　　　C. MU10　　　　　　D. S10

二、多选题

1. （　　　）是散粒状保温隔热材料。

　　A. 石棉　　　　　　B. 膨胀蛭石　　　　C. 膨胀珍珠岩　　　D. 泡沫塑料

2. 保温隔热材料的构造特点有（　　　）。

　　A. 纤维状　　　　　B. 松散粒状　　　　C. 多孔状　　　　　D. 块状

三、判断题

1. 按生产工艺，砖可分为烧结砖和非烧结砖，其中非烧结砖又可分为蒸养砖和蒸压砖等。　　　　　　　　　　　　　　　　　　　　　　　　　　　（　　　）

2. 砌块按外观形状不同，可分为小型砌块、中型砌块和大型砌块。　（　　　）

四、讨论题

1. 防水卷材的优点有哪些？

2. 防水涂料有哪几种类型？

3. 保温材料需要满足哪些要求？

模块七

建筑装饰材料进场检验

⊃ 知识目标

1. 了解建筑装饰材料的种类和特性。
2. 掌握建筑装饰材料的应用场景和设计要求。
3. 掌握建筑装饰材料进场检验的方法。

⊃ 能力目标

1. 能够选择适合特定环境和设计要求的装饰材料。
2. 能够进行装饰材料的性能测试和质量评估。
3. 能够解决实际工程中装饰材料的应用问题。

⊃ 素养目标

1. 具备较高的职业素养与良好的职业认同感。
2. 具备执着专注、精益求精、一丝不苟、追求卓越的工匠精神。
3. 具备崇尚劳动、热爱劳动、辛勤劳动、诚实劳动的精神。
4. 培养团队合作意识，具备团队协作能力。

单元一　建筑装饰石材

　　石材在世界建筑史上谱写了不朽的篇章，石材建筑也在各国都留下了许多佳作。建筑石材不仅作为基石用材，而且以它所特有的色泽美和纹理美，在室内外环境中也得到了广泛的应用，为古今建筑平添了许多动人魅力。

　　石材是以天然岩石为主要原材料，经选择、加工制作并用于建筑、装饰、碑石、工艺品或路面（图 7-1）等用途的材料。其包括天然石材和人造石材（也称为合成石材）。

图7-1　石材的用途

(a) 建筑；(b) 装饰；(c) 碑石；(d) 工艺品；(e) 路面

一、天然石材

天然石材是经选择和加工而成的特殊尺寸和形状的天然岩石。天然石材按照材质主要可分为大理石、花岗石、石灰石、砂岩、板石等；按照用途主要可分为天然建筑石材和天然装饰石材等。

建筑石材是具有一定的物理、化学性能，可作为建筑功能和结构用途的石材；装饰石材是具有装饰性能的建筑石材，加工后可供建筑装饰使用。

所以，石材在建筑上既是千古不朽的基础材料，又是锦上添花的装饰材料，而天然石材中的大理石是天然装饰石材中应用最多的石材。下面主要对大理石和花岗石进行介绍。

1. 大理石

大理石（图7-2）是指以大理岩为代表的一类石材，包括结晶的碳酸盐类岩石和质地较软的其他变质岩类石材，因云南大理盛产而得名，它是石灰石与白云石经过地壳内高温、高压作用形成的变质岩或沉积的碳酸类岩石，主要矿物为方解石（图7-3）和白云石（图7-4）等。

微课：**天然大理石**

图7-2　大理石

图7-3　方解石

图7-4　白云石

大理石通常呈层状结构，有明显的结晶和纹理，属于中硬石材，它的成分主要以碳酸钙为主，大约占50％以上。

（1）大理石的特点。大理石的优点：天然大理石质地致密但硬度不大，所以容易加工，可以雕琢磨平、抛光等，抛光后光洁细腻，纹理自然流畅（图7-5），有较好的装饰性，而且吸水率小，耐久性高，它一般可以使用40～100年；大理石的缺点：硬度比较低，抗风化能力比较差，容易变色（图7-6）等。

图 7-5　纹理自然流畅

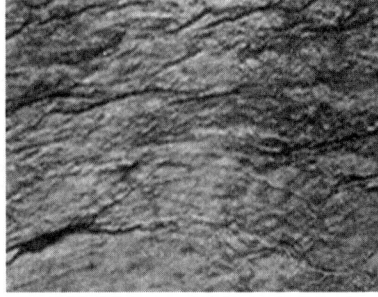

图 7-6　风化、变色

由于大理石中含有化学性能不稳定的红色、暗红色（图 7-7）或表面光滑的金黄色颗粒（图 7-8），这会使大理石的结构疏松，在阳光作用下，它会产生质的变化。加之大理石的主要成分是碳酸钙，在大气中，在二氧化碳、硫化物及水气等作用下，容易溶蚀，失去表面的光泽而风化（图 7-9）、粗糙多孔，从而失去装饰效果，所以除少数如汉白玉（图 7-10）、艾叶青等质纯、杂质少的、比较稳定耐久的品种可以用于室外，其他品种都不宜用于室外，一般只用于室内装饰，又因为大理石板材的硬度比较低，如果在地面上使用，磨光面容易受损，所以尽可能不要将大理石板材用于地面。

图 7-7　红色、暗红色颗粒

图 7-8　金黄色颗粒

图 7-9　大理石风化

图 7-10　汉白玉

（2）大理石的应用。大理石常用于大型公共建筑，如宾馆、展厅、商场、机场、车站等室内的墙面、地面、楼板踏板、栏板、台面、窗台板等，如图 7-11 所示。

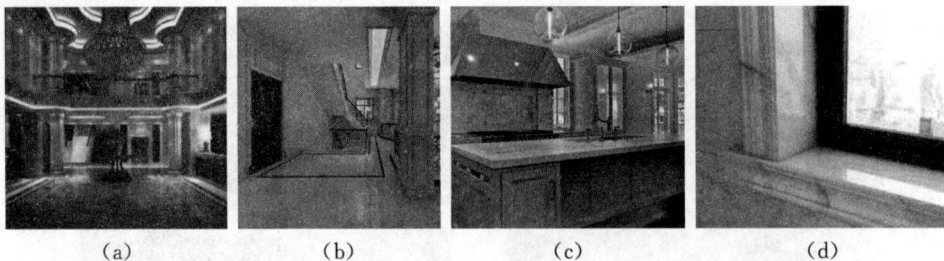

（a）　　　　　　（b）　　　　　　（c）　　　　　　（d）

图 7-11　大理石的应用

（a）大理石地面；（b）大理石墙面；（c）大理石台面；（d）大理石窗台板

2. 花岗石

　　石材作为人类建筑史上一种古老的建筑材料，已经有了漫长的应用历史，翻开人类的建筑史，可以发现许多著名的建筑，如图 7-12 所示，都是采用石材来展现它的艺术美感。然而在科学技术发展迅速的今天，随着钢筋混凝土的广泛应用，石材已经从主

微课：天然花岗岩

要结构中退出，天然石材的应用更加普及，成为家庭装修中亮丽的风景，成为一种非常重要的、高档的装饰材料，常见的天然石材之一有花岗石。

图 7-12　著名石材建筑

　　（1）花岗石的概念。花岗石是指以花岗岩为代表的一类石材，包括岩浆岩和各种硅酸盐类变质岩石材。花岗石属于深成岩，是岩浆岩中分布最广的岩石，它主要的矿物组成是长石（图 7-13）、石英（图 7-14）还有少量的云母（图 7-15）及暗色矿物，一般质地都比较硬。

　　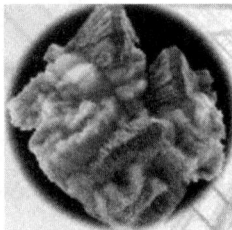　　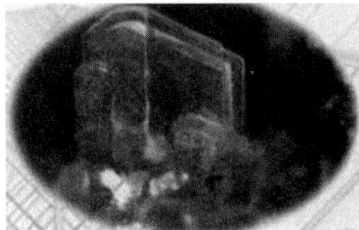

图 7-13　长石　　　　　　**图 7-14　云母**　　　　　　**图 7-15　石英**

　　花岗石是全晶质结构，按结晶颗粒的大小通常分为粗粒、中粒、细粒，还有斑状等多种构造。花岗石的成分随着产地不同而有所区别，各种花岗石中二氧化硅的含量

均比较高，一般为 67％～75％，属于酸性岩石。

（2）花岗石的特点。

1）优点：结构致密，抗压强度高，材质坚硬，耐磨性很强，孔隙率小，吸水率极低，耐冻性比较强，装饰性好，化学稳定性好，抗风化能力强，耐腐蚀性、耐久性很强。

2）缺点：自重大，若用于房屋建筑及装饰，会增加建筑物的质量；硬度大，会给开采和加工造成困难；质脆，耐火性差，因它含有大量的石英，石英在 573 ℃和 870 ℃高温下，都会发生晶形转变，产生体积膨胀，所以，火灾时花岗石会产生开裂破坏。还有一点就是某些花岗石含有微量的放射性元素，应根据这种花岗石石材的放射性强度的水平，确定它的应用范围。

（3）花岗石的应用。花岗石质地坚硬、耐酸碱、耐腐蚀、耐高温、耐光照、耐冻、耐摩擦、耐久性好，外观色泽可以保持百年以上。另外，花岗石石板材色彩丰富，晶格花纹均匀细致，经过磨光处理后光亮如镜，质感强，有华丽高贵的装饰效果。另外，由于花岗石不容易风化变质，所以多用于墙基础和外墙的饰面，如图 7-16 所示。

当然，花岗石也可以用于室内的墙面、柱面、窗台板等。另外，因为花岗石的硬度高、耐磨，所以常用于高级建筑装饰工程中的大厅的地面，如图 7-17 所示，如宾馆、饭店、礼堂等的大厅里面。

图 7-16 外墙的饰面

图 7-17 大厅的地面

二、人造石材

1. 人造石材的概念及分类

人造石材（图 7-18）是指以石料（如石英等硅酸盐矿物，方解石、白云石等碳酸盐矿物）为主要骨料，以高分子聚合物或水泥或两者混合物为粘合材料，选择性添加可兼容的材料，经搅拌混合，在真空状态下加压、振动、成型、固化等工序制成的工业产品。

微课：人造石材

图 7-18　人造石材

人造石材可分为水泥型人造石、聚酯型人造石、复合型人造石和烧结型人造石。

（1）水泥型人造石。水泥型人造石是以水泥作为胶粘剂，以砂为细骨料、天然碎石料为粗骨料，经配制、搅拌、成型、加压蒸养、磨光、抛光而制成，俗称水磨石，水泥型人造石的生产取材方便，价格低，但其装饰性较差，水磨石和各类花阶砖就属于这一类，如图 7-19 所示。

（2）聚酯型人造石。聚酯型人造石是以不饱和聚酯为胶粘剂，与石英砂、大理石、方解石粉等搅拌混合，浇铸成型，在固化剂作用下产生固化作用，经脱模、烘干、抛光等工序而制成。不饱和聚酯光泽好、颜色鲜艳丰富，可加工性强，装饰效果好，如图 7-20 所示。

图 7-19　水泥型人造石

图 7-20　聚酯型人造石

（3）复合型人造石。复合型人造石是以无机材料和有机高分子材料复合组成，以无机材料将填料黏结成型后，再将坯体浸渍于有机单体中，使其在一定条件下聚合。其板材底层用价格低且性能稳定的无机材料，面层用聚酯和大理石粉制作。复合型人造石材的制品造价比较低，但它受温差影响后聚酯面容易产生剥落或开裂，如图 7-21 所示。

（4）烧结型人造石。烧结型人造石的生产方法与陶瓷工艺相似，是将长石、石英、辉绿石、方解石等粉料和赤铁矿粉，以及一定量的高岭土共同混合。烧结型人造石的装饰性能好，性能稳定但需要经过高温焙烧，因而能耗大，造价相对较高，如图7-22所示。

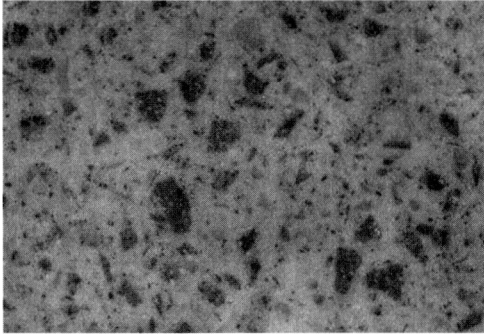

图 7-21　复合型人造石

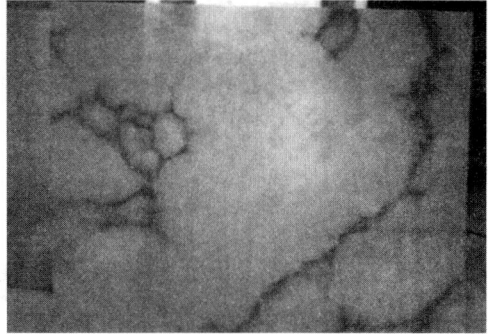

图 7-22　烧结型人造石

在四种人造石中，以聚酯材料最为常用，其物理、化学性能最好，花纹设计简便，用途广泛，但其价格相对较高；水泥材料成本最低，但抗腐蚀性能较差，容易出现微裂纹，只适于作为板材；其他两种人造石生产工艺复杂，应用较为少见。

2. 人造石材的特点

（1）品种繁多，容易制造。人造石材生产工艺与设备不复杂，原料易得，色调与花纹可按需设计，容易制成形状复杂的制品。

（2）人造石材表面没有孔隙，油污、水渍就不容易渗入，因此抗污力强，容易清洁。

（3）人造石材的厚度较天然石材都要薄一点，本身质量比天然石材又轻，所以搬运方便，如果用于铺设地面，也可以减轻楼体的承重。

（4）人造石材的背面经过波纹处理，因此施工时容易与基体黏结，施工工艺简单，铺设后的墙地面质量更可靠。

（5）人造石材的成本大概只有天然石材的1/10，并且没有放射性，是目前最理想的绿色环保材料，符合21世纪人们的消费理念。

以上是人造石材越来越多的为人们所接受的原因。但人造石材除了具有以上优点外，与天然石材相比，由于同类型板材的色泽与纹理完全相同，缺少了自然天成的纹理和质感，因此在视觉上略有生硬的感觉。

3. 人造石材的应用

人造石材可用于地面、墙面、柱面、踢脚板和阳台等部位装饰，也可以作为楼梯面板、窗台板、台面、庭院的石凳等装饰，如图7-23所示。因为人造石材质量轻、强度高、耐腐蚀、耐污染、施工方便、花纹图案多样，价格相对较低，所以是理想的装饰材料，应用也很广泛。

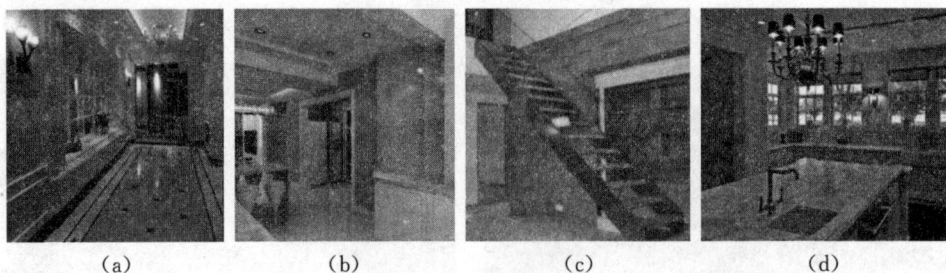

（a）　　　　　　（b）　　　　　　（c）　　　　　　（d）

图 7-23　人造石材的应用
（a）地面；（b）墙面；（c）楼梯面板；（d）台面

单元二　建筑装饰陶瓷

一、建筑陶瓷的基本知识

1. 建筑陶瓷的概念

建筑陶瓷是用于建筑物、构筑物，具有装饰、构建与保护等功能的陶瓷制品。陶瓷制品是以无机非金属材料为主要原料，经一定生产工艺烧制成的硅酸盐制品。

微课：陶瓷的
基本知识

在建筑装饰工程中，陶瓷是最古老的装饰材料之一，我国的陶瓷生产有着悠久的历史和光辉的成就。尤其是瓷器，是我国的伟大发明之一。唐代的越窑青瓷（图 7-24）、邢窑白瓷（图 7-25）和唐三彩（图 7-26）；宋代的高温色釉、铁系花釉（图 7-27）、兔毫（图 7-28）、油滴斑、玳瑁斑等；明清时期的青花、粉彩、祭红、郎窑红（图 7-29）等产品都是我国陶瓷史上光彩夺目的明珠。我国的陶瓷制品无论在材质、造型或装饰方面都具有很高的工艺和艺术造诣。

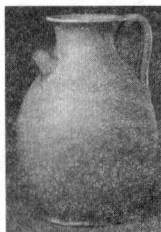

图 7-24　唐代越窑青瓷　　　**图 7-25　邢窑白瓷**　　　**图 7-26　唐三彩**

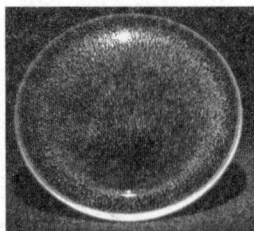

图 7-27　铁系花釉　　　**图 7-28　兔毫**　　　**图 7-29　郎窑红**

2. 建筑陶瓷的分类

（1）按陶瓷的概念和用途。按陶瓷的概念和用途来分类，陶瓷可分为普通陶瓷（传统陶瓷）和特种陶瓷（新型陶瓷）两大类。

1）普通陶瓷根据其用途不同又可分为日用陶瓷（图7-30）、建筑卫生陶瓷（图7-31）、化工陶瓷（图7-32）等。日用陶瓷是供日常生活使用的各类陶瓷制品。建筑卫生陶瓷是指由黏土、长石和石英为主要原料，经混炼、成型、高温烧制而成，用作卫生设施的有釉陶瓷制品。

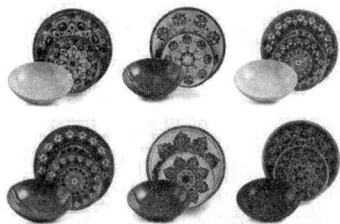  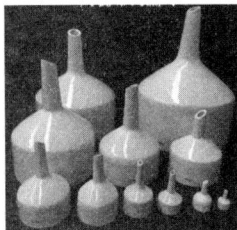

图7-30 日用陶瓷　　　图7-31 建筑卫生陶瓷　　图7-32 化工陶瓷

2）特种陶瓷，如图7-33所示，是指具有特殊力学、物理或化学性能的陶瓷，应用于各种现代工业和尖端科学技术，所用的原料和所需的生产工艺技术与普通陶瓷有较大的不同，也称作"先进陶瓷"。

图7-33 特种陶瓷

（2）根据陶瓷的结构特点。根据陶瓷的结构特点分类，普通陶瓷又可分为陶器、炻器、瓷器，如图7-34所示。

（a）　　　　　　　　　（b）　　　　　　　　　（c）

图7-34 普通陶瓷

（a）陶器；（b）炻器；（c）瓷器

陶瓷虽然都是由黏土和其他材料经烧结而成，但所含杂质不同。陶器是指未玻化或玻化程度差、结构不致密、断面呈土状、吸水率大于或等于5％的陶瓷制品。瓷器是指玻化程度高、结构致密、断面呈石状或贝壳状、吸水率小于或等于5％的陶瓷制品。陶器杂质含量大，瓷器杂质含量少或无杂质，炻器是介于陶器和瓷器之间的一种材料。

二、常用建筑装饰陶瓷的应用

建筑装饰陶瓷是用于覆盖建筑墙面、地面的薄板状陶瓷砖和用于卫生洁具的陶瓷制品，以及用于图标或仿古建筑的琉璃制品，如图7-35所示。

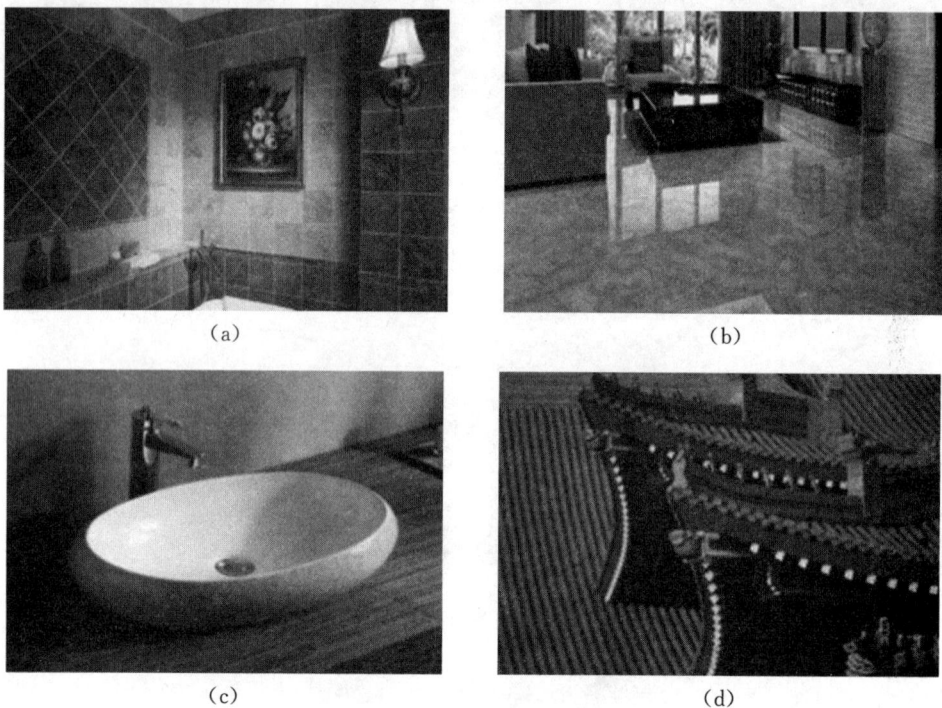

图 7-35　建筑装饰陶瓷

（a）墙面；（b）地面；（c）卫生洁具；（d）建筑琉璃

1. 内墙面砖

内墙面砖又称为釉面砖，又常以"瓷片"称呼，使用也最多。釉面砖是用于建筑物内墙装饰的薄板状精陶制品，是用瓷土或优质陶土经低温烧制而成，内墙面砖一般都上釉，其釉面有不同类别，也有不同颜色，一般以浅色为主。

用釉面砖装饰建筑物内墙，主要用作厨房、浴室、医院等，如图7-36所示。室内墙面、台面等处的饰面材料，可使建筑具有独特的卫生、易清洗和装饰美观的效果。近年来，国内外的釉面砖产品正向大而薄的方向发展，并大力发展彩色图案砖。

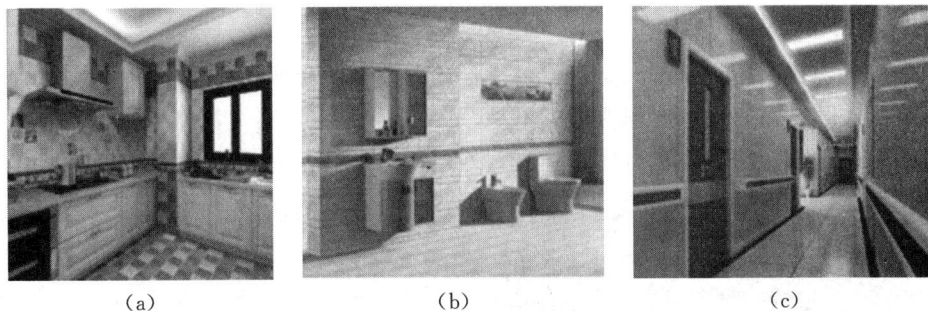

图 7-36　内墙面砖的应用

（a）厨房；（b）浴室；（c）医院

　　釉面内墙砖不适宜用于室外，原因是釉面砖是由多孔的瓷土或陶土烧制而成的坯体，其胚体和釉面的膨胀系数不同，在长期与空气的接触过程中，因为冻胀和雨水浸泡，而产生膨胀现象，导致釉面开裂、脱落。

2. 陶瓷墙地砖

　　陶瓷墙地砖（图 7-37）为室内外墙面砖和地面装饰铺贴用的陶瓷砖。这种陶瓷砖烧制温度比釉面砖更高，胚体更加致密，故该类砖除用于室内装饰外，也很适合作建筑物的室外装饰。

图 7-37　陶瓷墙地砖

　　陶瓷墙地砖的特点：强度高、致密坚实、耐磨、吸水率小、抗冻、耐污染、**易清洗**、耐腐蚀、经久耐用等。其适用于民用住宅、商场、宾馆、饭店、会议厅、展览馆的室内（外）墙面、地面等，如图 7-38 所示。

图 7-38　陶瓷墙地砖的应用

（a）外墙面；（b）室外地面；（c）室内地面

3. 陶瓷马赛克

陶瓷马赛克是用优质陶土烧制而成的，具有多种色彩和不同形状的小块砖。陶瓷马赛克具有强度高、耐磨、耐腐蚀、不易污染、不吸水、不打滑、易清洗等优点。其可用于室内地面、墙面，也可用于建筑物外墙饰面，如图 7-39 所示。

图 7-39　陶瓷马赛克装饰效果图

另外，利用不同色彩和花纹的陶瓷马赛克，按照设计可以拼出大面积的图案或壁画。

4. 卫生陶瓷

卫生陶瓷（图 7-40）只用于浴室、盥洗室等处的卫生洁具。卫生陶瓷多用耐火黏土上釉焙烧而成，表面光洁，易于清洗。

图 7-40　卫生陶瓷

5. 建筑琉璃制品

建筑琉璃制品（图 7-41）的质地很致密，表面光滑，不易污染，经久耐用，是具有我国民族传统特色的建筑材料。建筑琉璃制品主要用于仿古建筑、园林建筑或纪念性建筑。

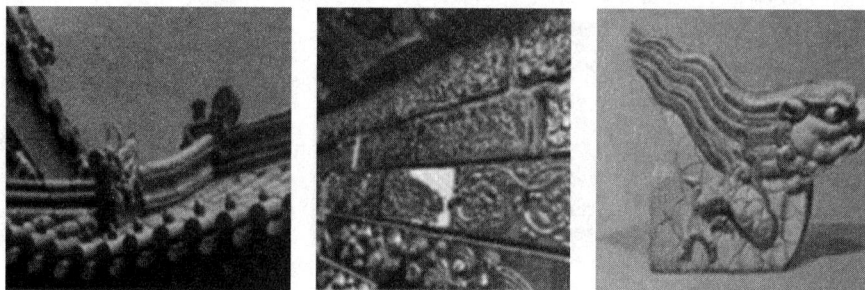

图 7-41　建筑琉璃制品

6. 微晶石砖

微晶石砖（图7-42）作为室内装饰的新贵，已经被越来越多的高档客户接受，虽然价格高，但是效果极佳。微晶石砖是通过基础玻璃在高温加热过程中进行晶华控制烧结制得的一种含有大量微晶体和玻璃体的复合固体材料。微晶石砖的表面特点与天然石材极其相似，具有华贵典雅、色泽美观、耐磨损、耐酸碱度佳、抗污染性强、不褪色、无放射性污染等特性，但表面硬度低，易有划痕，微晶层崩边、开裂等缺点。其可广泛应用于建筑装饰，如高档宾馆、酒店、写字楼的室内外墙面、地面、柱装饰等，还可应用于家居装饰，如室内地面、台面、窗台板及餐桌等。

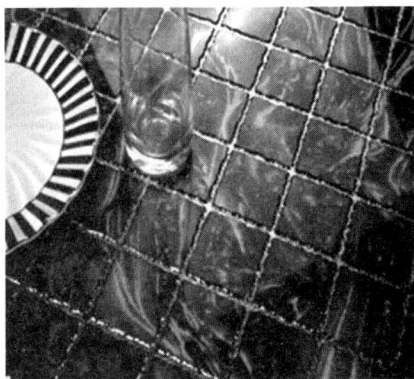

图7-42　微晶石砖

单元三　建筑装饰玻璃

玻璃是一种非晶形过冷液体，是熔体迅速冷却时，各分子因为没有足够时间形成晶体而形成的非晶体，是一种透明的、强度及硬度颇高的、易碎的、不透气的物料，常温下是固体，如图7-43所示。

图7-43　玻璃

玻璃的使用历史悠久，在中国古代，玻璃又被称为琉璃，最早被应用于日常生活用品，如玻璃杯、玻璃瓶、玻璃盘等。之后，玻璃也被应用到建筑行业，许多建筑的屋顶上随处可见色彩亮丽、光鲜雅致的琉璃瓦，如图 7-44 所示。

图 7-44　古代玻璃的应用

（a）唐代琉璃瓶；（b）战国琉璃杯；（c）北周琉璃碗；（d）琉璃瓦古建筑

进入现代，玻璃的应用更加广泛，如建筑中常见的玻璃幕墙、隔断、窗、门等，如图 7-45 所示。玻璃是人类材料领域最伟大的发明之一，科技进步、工业发展、经济建设、人类安居，无不闪耀着玻璃的智慧之光。

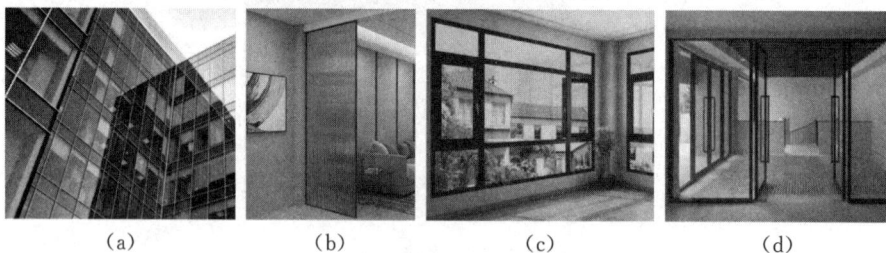

图 7-45　现代玻璃的应用

（a）幕墙；（b）隔断；（c）窗；（d）门

一、常用玻璃

在生活中人们常用的是普通平板玻璃，如图 7-46 所示。平板玻璃具有良好的透光、保温、隔声、耐磨性能，具有较高的化学稳定性，但其热稳定性较差，在急冷急热作用下易发生爆裂。常见的玻璃质量缺陷有波筋、气泡、砂粒、疙瘩等。平板玻璃被广泛应用于建筑物的门窗、墙面、室内装饰等处。

微课：常用玻璃
与装饰玻璃

图 7-46　普通平板玻璃

由于普通平板玻璃的质量缺陷，它在使用过程中逐步被浮法玻璃所取代。浮法玻璃的生产过程是使用石英砂盐粉、纯碱、海沙、白云石等原材料，经过高温熔融后流至金属液面上均匀摊平，待其冷却硬化后便可脱离金属液，最后再切割而形成的一种玻璃，如图 7-47 所示。浮法玻璃优于普通平板玻璃，其表面平整、厚度均匀、平行度好、光学性能好。

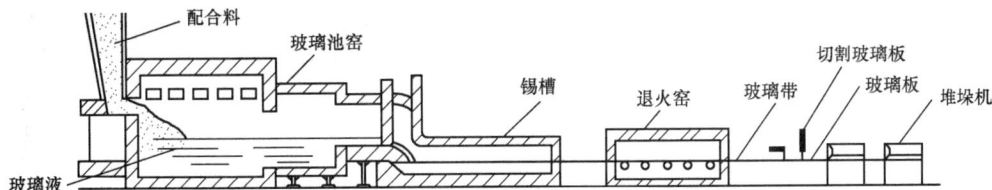

图 7-47　浮法玻璃生产工艺示意

普通平板玻璃可用于灯具玻璃、玻璃家具、建筑等，如图 7-48 所示，能增加整体的奢华感，提高居住体验。

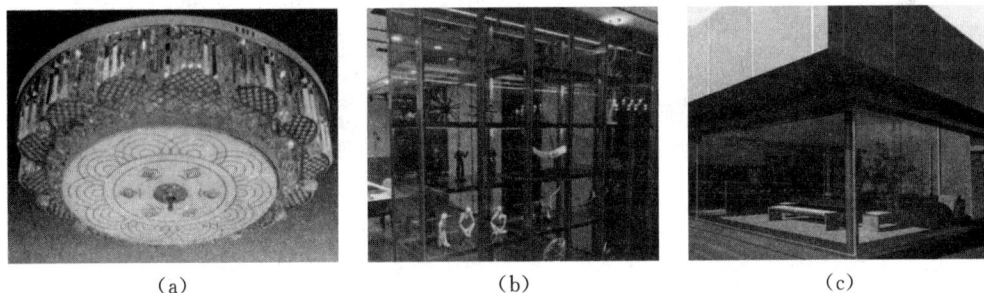

（a）　　　　　　　　　　（b）　　　　　　　　　　（c）

图 7-48　普通平板玻璃的应用

（a）灯具玻璃；（b）玻璃家具；（c）建筑

二、装饰玻璃

玻璃不仅起到了安全和围护作用，还能打造美观舒适的居住环境。随着国民生活质量逐步提高，玻璃的装饰性逐渐被重视起来。试图以玻璃美化和改善生活环境，恰恰体现了人们对美好生活的向往，也正是我国脱贫攻坚取得全面胜利后，人们对更高层次的生活追求。

常见的装饰玻璃有磨砂玻璃、压花玻璃、彩绘玻璃、雕刻玻璃、热熔玻璃等。

（1）磨砂玻璃。磨砂玻璃又称为毛玻璃，是将普通平板玻璃经过加工处理后而形成的表面呈均匀的毛面。磨砂玻璃使透过的光向不同方向漫射，透光不透明，具有较好的私密性。

磨砂玻璃适用于要求透光而不透视的场合及防止定向反射的场合，如浴室、卫生间、办公室的门窗及隔断等，如图 7-49 所示。

图 7-49　磨砂玻璃的应用场景

（2）压花玻璃。压花玻璃又称为花纹玻璃，如图 7-50 所示，是采用压延方法制造的一种平板玻璃。

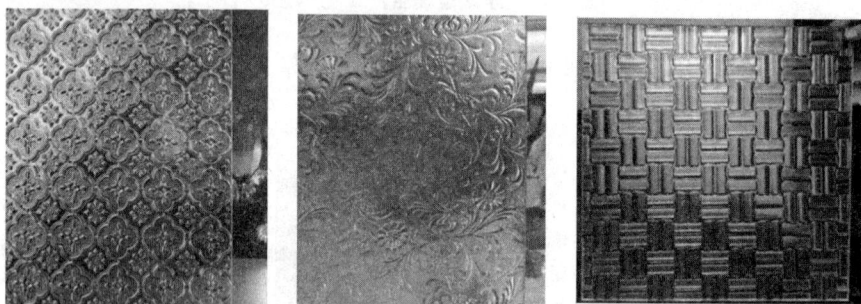

图 7-50　压花玻璃

压花玻璃的图案丰富，透过光线因漫射而失去透视性，具有强烈的装饰效果，其表面有花纹图案，又具有优良的装饰效果，有时甚至可以作为艺术玻璃而身价倍增。

压花玻璃主要用于门窗、室内隔断、洗手间等装修区域，如图 7-51 所示。

图 7-51　压花玻璃的应用场景

（3）彩绘玻璃。彩绘玻璃图案丰富亮丽，可将绘画、色彩、灯光融于一体，家居中彩绘玻璃能较自如地创造出一种赏心悦目的和谐氛围，增添浪漫迷人的现代情调。彩绘玻璃虽然制作工艺复杂，但清洁起来却非常容易。

彩绘玻璃应用较多的是公共场所，如星级宾馆、酒店、会所、教堂等都会用彩绘玻璃来装饰，体现空间的高雅和尊贵，如图 7-52 所示。

图 7-52　彩绘玻璃的应用场景

（4）雕刻玻璃。雕刻玻璃又称为雕花玻璃（图 7-53），是在普通平板玻璃上，用人工雕刻或激光雕刻两种方式对玻璃雕出图案或花纹后再进行钢化处理的玻璃。雕花图案透光不透明，立体感强，层次分明，似浮雕，效果高雅。

图 7-53　雕刻玻璃

雕刻玻璃不再是对玻璃的平面处理，而是通过浮雕、深雕、彩雕、白雕、肌理雕等手段使玻璃质感增强，更具立体感、通透感。雕刻玻璃适用于装饰性部位如背景墙、隔断、玄关、屏风等，如图 7-54 所示。

图 7-54　雕刻玻璃的应用场景

（5）热熔玻璃。热熔玻璃又称为水晶立体艺术玻璃，如图 7-55 所示。通过艺术化的设计与加工，使原本局限在平面的玻璃变得凹凸有致、图案丰富、立体感强、色彩艳丽，更加华丽灵动、光彩夺目。

图 7-55　热熔玻璃

热熔玻璃常作为屏风隔断、门窗、玻璃艺术品和玻璃用品等，如图7-56所示。

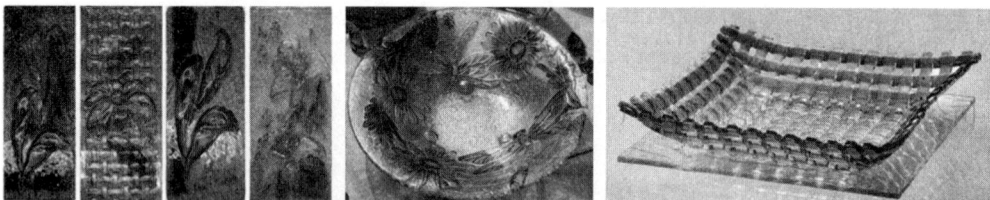

图 7-56　热熔玻璃的应用场景

近半个世纪以来，玻璃艺术设计以前所未有的深度和广度渗透到人们的生活中，在造型上同时运用不同种类的玻璃及制作工艺的手法，大大超过玻璃发展史上的任何时候，在艺术设计领域大放异彩。随着玻璃生产的工业化和规模化，各种用途和各种性能的玻璃相继问世。目前，玻璃已成为日常生活、生产和科学技术领域的重要材料。

三、安全玻璃

1. 安全玻璃的基本概念

随着高层建筑的发展和建筑玻璃的大型化，建筑玻璃造成人身伤害和安全事故的概率迅速增大，在使用建筑玻璃的任何场合都有可能发生直接灾害或间接灾害。人们对建筑安全性的关注，引发了人们对安全玻璃的思考。那么什么是安全玻璃呢？安全玻璃是指符合现行国家标准的钢化玻璃、夹层玻璃及由钢化玻璃或夹层玻璃组合加工而成的其他玻璃制品，如安全中空玻璃等。

微课：安全玻璃

2. 安全玻璃的分类及其应用

安全玻璃包括钢化玻璃、均质钢化玻璃、防火玻璃和夹层玻璃。

（1）钢化玻璃。钢化玻璃（图7-57）的制作方法是普通退火玻璃经过热处理工艺成为钢化玻璃，玻璃表面形成了压应力层，并具有特殊的碎片状态。

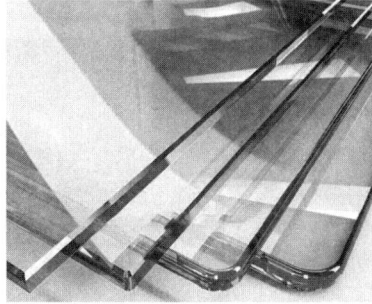

图 7-57　钢化玻璃

钢化玻璃的优点是机械强度高，抗冲击性也很高，弹性比普通玻璃大得多，热稳定性好，在受急冷急热作用时，不易发生炸裂，又因为钢化玻璃破碎，是以无锐角的颗粒形式碎裂，形成网状裂纹，因此对人体伤害大大降低，如图 7-58 所示。其缺点是有自爆（自己破裂）的可能性。

钢化玻璃常用作建筑物的门窗、幕墙及橱窗、室内隔断、玻璃栏板（图 7-59）、玻璃茶几（图 7-60）、家具配套等家具制造行业。

图 7-58　钢化玻璃碎裂颗粒　　　图 7-59　钢化玻璃栏板　　　图 7-60　钢化玻璃茶几

（2）均质钢化玻璃。由于钢化玻璃的自爆大大限制了它的应用，经过长时间的跟踪与研究，发现对钢化玻璃进行均质（第二次热处理工艺）处理，可以大大降低钢化玻璃的自爆率。这种经过特定工艺条件处理过的钢化玻璃就是均质钢化玻璃，简称 HST，如图 7-61 所示。

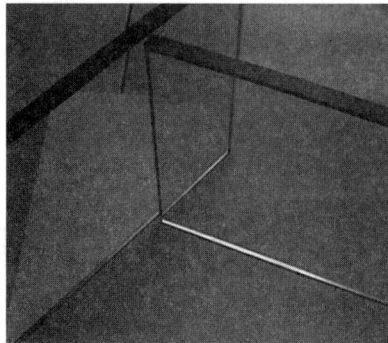

图 7-61　均质钢化玻璃

（3）防火玻璃。防火玻璃是指在规定的耐火试验中能够保持其完整性和隔热性的安全玻璃。其按结构可分为复合防火玻璃和单片防火玻璃，如图 7-62 所示。

（a） （b）

图 7-62　防火玻璃

（a）复合防火玻璃；（b）单片防火玻璃

复合防火玻璃是由两层或两层以上玻璃复合而成或与有机材料复合而成的，并应满足相应耐火等级要求。单片防火玻璃则是由单层玻璃构成的，并应满足相应耐火等级要求。

防火玻璃按耐火性能指标可分为隔热型防火玻璃和非隔热型防火玻璃。隔热型防火玻璃是指能同时满足耐火完整性、耐火隔热性的要求；非隔热型防火玻璃仅满足耐火完整性的要求即可。

防火玻璃常用作建筑物的防火门、窗和隔断（图 7-63）的玻璃。

图 7-63　防火玻璃隔断

众所周知，目前世界上单体使用防火玻璃最多的建筑物就是上海中心大厦（图 7-64）。大厦全部采用双层防火玻璃幕墙（图 7-65），满足建筑安全性的同时，也做到了减少能耗，绿色环保。通过对玻璃幕墙的研究和应用，充分体现了对科学理念和先进技术的追求。上海中心大厦不仅是上海的地标建筑，更是我国的一座标志性建筑，既向世界展示了中国的基建能力和实力，也让人们切身感受到了祖国发展前沿日新月异的变化。

图 7-64　上海中心大厦　　　图 7-65　双层防火玻璃幕墙

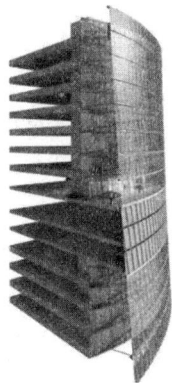

（4）夹层玻璃。夹层玻璃是在两片或多片玻璃原片（如浮法玻璃、钢化玻璃、彩色玻璃、吸热玻璃或热反射玻璃等）之间，用以 PVB（聚乙烯醇缩丁醛）为主的中间材料经加热、加压粘合而成的平面或曲面的复合玻璃制品。层数有 2、3、4、5 层，最多可达 9 层，如图 7-66 所示。

图 7-66　夹层玻璃

夹层玻璃的优点是透明度好，抗冲击性能高，玻璃破碎不会散落伤人，如图 7-67 所示；缺点是不能切割，需要选用定型产品或按尺寸定制。

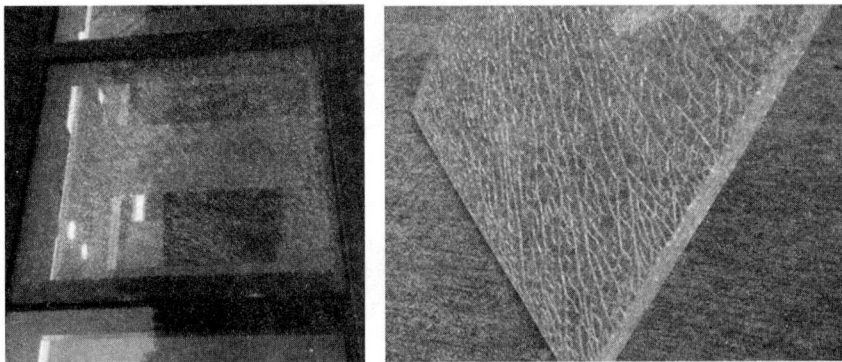

图 7-67　夹层玻璃破碎

夹层玻璃适用于高层建筑的幕墙（图 7-68）、门窗、楼梯栏板和有抗冲击作用要求的商店、银行、橱窗、隔断及水下工程等安全性能高的场所或部位。

图 7-68　高层建筑玻璃幕墙

四、节能玻璃

节能玻璃是指能隔热、增热、保温或改善热功能的玻璃，它不仅能透过太阳的可见光，增加建筑立面的装饰效果，还能改善和营造较为舒适的温度环境，降低室内能耗。

节能玻璃包括着色玻璃、镀膜玻璃、中空玻璃等。

微课：节能玻璃

1. 着色玻璃的特点及其应用

着色玻璃是一种既能显著地吸收阳光中的热射线，又能保持良好透明度的节能装饰性玻璃，着色玻璃通常都带有一定的颜色，也称为着色吸热玻璃。

着色玻璃（图 7-69）按色调可分为不同的颜色系列，包括茶色系列、金色系列、绿色系列、蓝色系列、紫色系列、灰色系列、红色系列等。

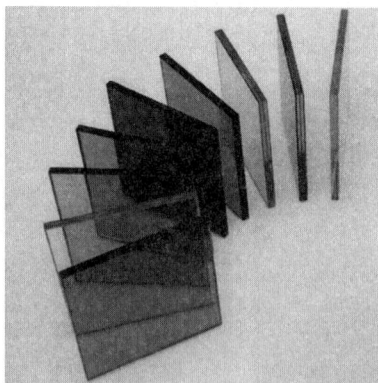

图 7-69　着色玻璃

着色玻璃的特点：有效吸收太阳的辐射热，产生"冷室效应"，达到蔽热节能的效果；通过对可见光的吸收，使室内光线变得柔和，避免眩光，舒适度增加；还能较强地吸收太阳紫外线，有效地防止室内物品的褪色和变质，保持物品色泽鲜丽、经久不变；同时，吸热玻璃鲜艳美丽的颜色，还能增加建筑物的外形美观。

着色玻璃广泛应用于既需要采光又需要隔热之处，能合理利用太阳光，调节室内温度，节省空调费用，且对建筑物的外形有很好的装饰效果。着色玻璃一般多用作建筑物的门窗或玻璃幕墙等，如图7-70所示。

（a）　　　　　　　　　　　　　　　　（b）

图 7-70　着色玻璃的应用

（a）门窗；（b）玻璃幕墙

2. 镀膜玻璃的特点及其应用

镀膜玻璃是在玻璃的表面镀有一层或多层金属合金，或者金属氧化物薄膜的玻璃。镀膜玻璃可分为阳光控制镀膜玻璃和低辐射膜玻璃。

（1）阳光控制镀膜玻璃。阳光控制镀膜玻璃（图7-71）是对太阳光中的热射线具有一定控制作用的镀膜玻璃。其具有良好的隔热性能，可以避免暖房效应，节约室内降温空调的能源消耗。同时，具有单向透视性，即白天能在室内看到室外景物，而室外看不到室内的景象，故又称为单反玻璃。

阳光控制镀膜玻璃主要应用于建筑的门窗、玻璃幕墙（图7-72）、装饰玻璃等，尤其适用于夏季光照强度强、有较高遮阳要求的地区，具有极佳的隔热、遮阳效果。

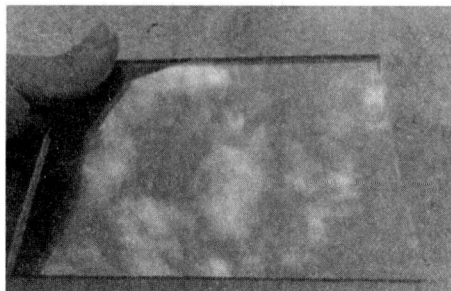

图 7-71　阳光控制镀膜玻璃　　　　　**图 7-72　阳光控制镀膜玻璃幕墙**

（2）低辐射膜玻璃。低辐射膜玻璃是指对$4.5\sim25\ \mu m$红外线有较高反射比的镀膜玻璃，也称Low－E玻璃，如南湖壹中心幕墙采用的玻璃。

低辐射膜玻璃具有以下几个特点：

1）对于可见光有较高的透过率。

2）对阳光和室内物体辐射的热射线进行有效阻挡，可使室内夏季凉爽、冬季保温，节能效果明显。

3）阻止紫外线透射，起到改善室内物品、家具老化、褪色的作用。

低辐射膜玻璃一般不单独使用，往往与净片玻璃、浮法玻璃、钢化玻璃等配合，制成高性能的中空玻璃，如图7-73所示。

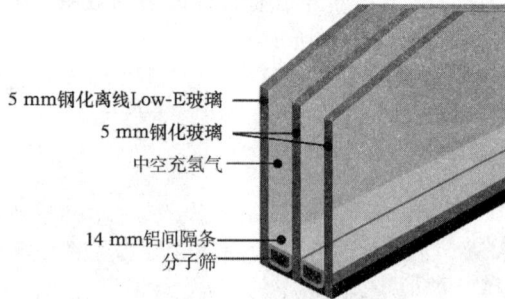

5 mm钢化离线Low-E玻璃
5 mm钢化玻璃
中空充氩气
14 mm铝间隔条
分子筛

图7-73　低辐射膜中空玻璃

3. 中空玻璃的特点及其应用

中空玻璃（图7-74）是由两片或多片平板玻璃以有效支撑均匀隔开并周边黏结密封，使玻璃层间形成有干燥气体空间的制品。

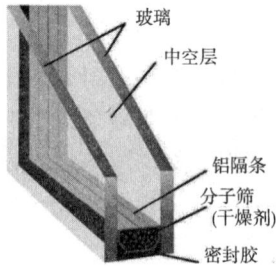

玻璃
中空层
铝隔条
分子筛
(干燥剂)
密封胶

图7-74　中空玻璃

中空玻璃中空层的导热率小，空气的导热率是玻璃的1/27，所以，中空玻璃具有良好的保温隔热性能，还具有良好的隔声性能，可降低噪声30～40 dB；玻璃层间干燥气体导热系数极小，露点很低，室内的水汽不易附着在玻璃上形成水珠或结露，如图7-75所示。

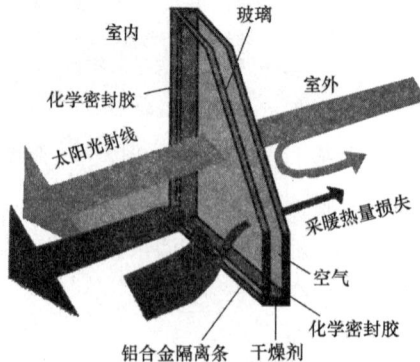

室内
玻璃
室外
化学密封胶
太阳光射线
采暖热量损失
空气
化学密封胶
铝合金隔离条　干燥剂

图7-75　中空玻璃隔热原理

中空玻璃主要用于保温隔热、隔声等功能要求的建筑物，如宾馆、住宅、医院、商场、写字楼等幕墙工程。

　　节能玻璃兼具采光、调节热量、保温隔热、隔声等功能，较好地改善了室内环境，极大地降低了能源的消耗，非常符合目前国家倡导的节能减排号召，已经日益成为当代建筑和装饰的主流产品。

单元四　建筑装饰木材

一、木材的基础知识

　　木材在中国古建筑中应用十分广泛，许多历史悠久的古代建筑都是木质结构的，例如，现存最古老的木构楼阁建筑——天津独乐寺，以及建筑物内的 4 根柱子悬空，还能屹立不倒的广西真武阁，还有目前世界上现存规模最大、最完整的古代木构建筑群——北京故宫等，木材在建筑历史上书写了璀璨夺目的篇章。

微课：木材的
基础知识

　　在现代，木材除用于结构构件外，还可以作为装饰装修、家具制作、工艺品等的材料。

1. 木材的概念和分类

　　木材是指来源于树木的次生木质部，主要由纤维素、半纤维素和木质素等成分组成。

　　木材按树种不同可分为针叶树和阔叶树两种，如图 7-76 所示。

（a）

（b）

图 7-76　木材按树种不同分类

（a）针叶树；（b）阔叶树

针叶树材和阔叶树材的对比详见表 7-1。

表 7-1　针叶树材和阔叶树材的对比

分类	基本特征	性能特点	主要用途
针叶树材	树叶细长，树干通直高大，纹理顺直，材质均匀，木质较软（又称软木材）	强度较高，表观密度和胀缩变形较小，耐腐蚀性较强，易于加工	主要用作承重构件，制作门窗、模板等

分类	基本特征	性能特点	主要用途
阔叶树材	树叶宽大，多数树种的树干通直，部分较短，材质坚硬（又称硬木材）	表观密度较大，胀缩和翘曲变形明显，易开裂，较难加工	常用于室内装修和制作家具等

木材按加工程度和用途不同，可分为原条（图 7-77）、原木（图 7-78）和锯材（图 7-79）三类。

 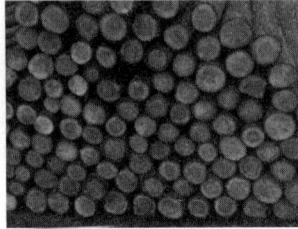 

图 7-77　原条　　　　　　　　图 7-78　原木　　　　　　　　图 7-79　锯材

（1）原条是指已经除去皮、根、树梢的木料，但尚未按一定尺寸加工成规定的材类。其主要用于建筑工程的脚手架，建筑用定尺寸加工成规定的材类、家具装潢等。

（2）原木是指已经除去皮、根、树梢的木料，并已按一定尺寸加工成规定直径和长度的木料。

直接使用的原木用于建筑工程（如屋梁、檩、椽等）、桩木、电杆、坑木等。加工原木用于胶合板、造船、车辆、机械模型及一般加工用材等。

（3）锯材是指原木经制材加工得到的产品。锯材分为板材与方材两大类。凡宽度尺寸为厚度尺寸 2 倍以上的锯材，称为板材；宽度尺寸小于厚度尺寸 2 倍的锯材，称为方材。锯材主要用于建筑工程、桥梁、木制包装、家具、装饰等。

2. 木材的性质——含水率

生在木材的诸多物理力学性质中，含水量对木材物理力学性质的影响是较大的。

木材的含水量用含水率表示，是指木材所含水的质量与干燥木材质量之比。其计算公式如下：

$$w = \frac{m_{湿} - m_{干}}{m_{干}} \times 100\% \tag{7-1}$$

式中　w——木材含水率（%）；

$m_{湿}$——含水后的木材质量（kg）；

$m_{干}$——干燥的木材质量（kg）。

潮湿的木材会在干燥的空气中失去水分，此时木材含水率降低，尺寸在一定范围内缩小；而干燥的木材会从湿润的空气中吸收水分，此时木材含水率升高，尺寸在一定范围内会膨胀。湿木材干燥后，其截面形状和尺寸会发生显著变化，这种现象对于木材的使用极为不利，所以，木材在使用前必须进行干燥处理。

木材的含水率给木材带来的影响和不便，是客观存在不可消除的，但认识掌握其变化规律，却能让人们控制此变化，使木材发挥最大的使用功能。

二、木制板材

木材除直接使用外，还可制成各种人造板。人造板是以木材或非木材植物纤维为主要原料，加工成各种材料单元，施加（或不施加）胶粘剂和其他添加剂，组坯胶合而成的板材或成型制品。木制板材主要包括胶合板、纤维板、刨花板及其表面装饰板等产品，各类人造板及其制品是室内装饰装修的最主要材料之一。

微课：木制板材

1. 胶合板

胶合板也称为层压板或多层实木板（图7-80），是由原木旋切成单板或由木方刨切成薄木，再按相邻层木纹方向互相垂直组合，加胶粘剂热压而成的三层或多层板状材料。胶合板通常为奇数层，单板纵横交错是为消除板材的各向异性，降低板材变形概率。常见层数一般为3～13层，称为三合板、五合板等。

图7-80　不同厚度的胶合板

胶合板有材质均匀、幅面大、无明显纤维饱和点、收缩性小、易加工、装饰效果好等优点，广泛用于室内家具、建筑装饰、面板等。

2. 纤维板（密度板）

纤维板（图7-81）是将树皮、刨花、树枝等废料经破碎、浸泡、研磨成木浆，再经加压成型、干燥处理而制成的板材。

（a）

（b）

图7-81　纤维板

（a）未贴面纤维板；（b）贴面纤维板

纤维板构造均匀，不易变形、翘曲和开裂，各向同性，硬质纤维板可代替木材用于室内墙面、顶棚等，如图7-82所示。软质纤维板可用作保温、吸声材料。

(a)　　　　　　　　　　　　　　　(b)

图7-82　纤维板的应用

(a) 墙面纤维板；(b) 顶棚纤维板

3. 刨花板（颗粒板）

刨花板（图7-83）是利用施加或未施加胶料的木刨花或木质纤维料压制的板材。

(a)　　　　　　　　　　　　　　　(b)

图7-83　刨花板

(a) 加饰面加封边刨花板；(b) 未加饰面刨花板

刨花板具有良好的吸声和隔声性能，内部为交叉错落结构的颗粒状，各方向的性能基本相同，横向承重力好；密度小，材质均匀，厚度误差小，耐污染、耐老化、造价低，但易吸湿，强度不高，个别劣质的刨花板会添加甲醛含量超标严重的胶粘剂和其他杂质，影响使用的安全性。

刨花板幅面尺寸大、表面平整，可以根据需要制作不同规格、样式的中低档家具，也可用于保温、吸声或室内装饰等。

4. 细木工板

细木工板（图7-84）俗称大芯板、木芯板、木工板，是利用木材加工过程中产生的边角废料，经整形、刨光施胶、拼接、贴面而制成的一种人造板材。板芯一般采用充分干燥的短小木条，板面采用单层薄木或胶合板。

图 7-84　细木工板

细木工板不仅是一种综合利用木材的有效措施，而且这样制得的板材构造均匀、尺寸稳定、幅面较大、厚度较大。但细木工板内部的实木条材质不一，多为杂木；密度大小、胀缩变形也不一，而且仅经过简单干燥处理，使用后容易起翘变形，影响外观及使用效果。

细木工板除可用作表面装饰外，也可直接兼作构造材料。其适用于家庭装饰、板式家具、隔断、暖气罩、窗帘盒等。

三、木质地板

木质地板是指用木材制成的地板，作为块材地面材料之一，是中高档装修使用最广泛的材料，以其舒适性、美观性、实用性，越来越多地得到人们的青睐。那么，人们应该选择哪种类型的木质地板？可能听到最多的建议是选实木地板，因为环保没甲醛。但真的是这样吗？下面让我们来了解一下常见的木质地板及其特性与应用，再做判断。

微课：木质地板

1. 实木地板

实木地板（图 7-85）是指未经拼接、覆贴的单块木材直接加工而成的地板，由天然木材制作而成，又称为原木地板。

图 7-85　实木地板

（1）优点：环保系数非常高、弹性好、脚感舒适、导热系数小，具有很好的调温作用、隔声效果好、吸声性能好、绝缘性能好。

（2）缺点：实木地板防火性、耐磨性、防水性略差，长期暴晒和风吹容易开裂，受潮容易膨胀，所以，实木地板会经常出现湿胀起拱、开裂、翘曲变形、干缩离缝、行走有响声等质量问题。

实木地板一般用于装饰规格要求较高的宾馆、餐厅、会议室、居室的地面等，如图 7-86 所示。

图 7-86 实木地板的应用

2. 实木复合地板

实木复合地板（图 7-87）是以优质木料作地板面层材料。一般木料经选材旋切干燥后经胶热制作而成，按结构可分为三层实木复合地板和多层实木复合地板，按外观质量等级分为优等品、一等品和合格品。

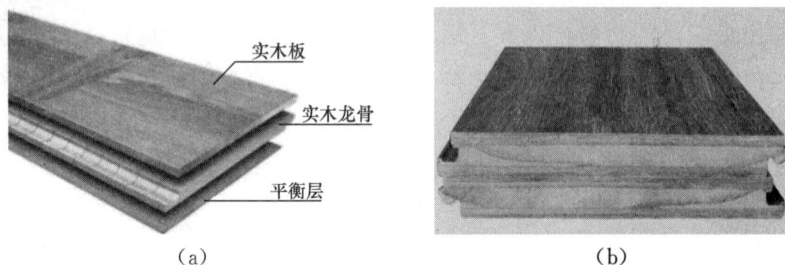

（a）   （b）

图 7-87 实木复合地板

（a）三层实木复合地板；（b）多层实木复合地板

实木复合地板具有优良的使用性，脚感舒适、有弹性，耐磨性比一般的实木地板强 3~5 倍以上，还具有良好的保温、隔热、隔声、抗静电、耐污染、耐光照性能等。

实木复合地板材质好、易加工、绿色节能，面层是优质木材，芯材多是速生材。既节约了优质木材，提高了木材综合利用率，又增加了地板的稳定性，减少了变形的概率，更环保节能。主流产品选用的胶粘剂也多是绿色环保材料，使用更安全。

实木复合地板也有实木地板类似的问题，如防水效果较差、易变形、需要定期保养等。

实木复合地板多用于家居装修、会议办公、中档宾馆的装饰铺设等，如图 7-88 所示。

图 7-88　实木复合地板的应用

3. 强化木地板

强化木地板（图 7-89）也称为浸渍纸层压木质地板，是指以一层或多层专用纸浸渍热固性氨基树脂，铺装在刨花板、高密度纤维板等人造板基材表面，背面加平衡层、正面加耐磨层，经热压、成型的地板。强化木地板由耐磨层、装饰层、高密度基材层、平衡（防潮）层组成。

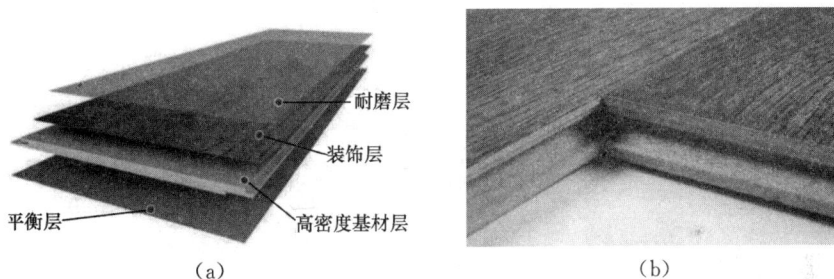

图 7-89　强化木地板

（a）强化木地板构造示意；（b）强化木地板实物图

与实木地板相比，强化木地板规格尺寸大、花色品种较多、铺设整体效果好、色泽均匀，视觉效果好；表面耐磨性高，有较高的阻燃性能，耐污染腐蚀能力强，抗压、抗冲击性能好；便于清洁、护理；尺寸稳定性好，不易起拱；铺设方便，可直接铺装在防潮衬垫上；价格较低。但是强化木地板密度较大、脚感较生硬、可修复性差。

强化木地板适用于会议室、办公室等，也可用于中、高档宾馆、饭店及民用住宅的地面装修等。强化木地板虽然有防潮层，但不宜用于浴室、卫生间等潮湿的场所。

4. 软木地板

软木地板（图 7-90）是用栓皮栎橡树的树皮，经粉碎、热压加工制成的地板，可再生，属于绿色建材。

1 关爱环境的UV表面层

2 高精度数码打印的花色

3 高弹性天然软木层

4 源于真正木材的高密度纤维板

5 静音效果突出的软木平衡层

图 7-90 软木地板构造示意

与实木地板相比，软木地板更具有环保性，防潮效果也更好，带给人极佳的脚感。另外，软木地板是多孔状结构，开口空隙可以很好地吸收声波，降低噪声。同时，其还具有绝热、隔振、阻燃、耐水、不霉变、不易翘曲和开裂等特点。但是由于自身材质的特点，木制较软，软木地板耐磨抗压性也比较差，并且比较难养护，普通软木地板的防水、防腐性能不如强化木地板，水分、油墨等也更容易渗入，不易清洁。

软木地板适用于商店、图书馆、练功房、播音室、卧室等场所，如图 7-91 所示。

图 7-91 软木地板的应用

通过以上学习可以看出，每种材质的木地板，都具有各自的特点，人们日常选购地板时，也不用过分纠结材质，只需要合理、科学地选择即可。另外，关于甲醛释放量，不是非实木地板的甲醛释放量就一定多，只要环保等级达到国标 E1 级及 E1 级以上，就可以放心选用。所以，选择哪种地板没有绝对的答案，根据实际情况和个人喜好，按需要购买就可以。

模块小结

本模块主要讲解各类建筑装饰材料，如石材、陶瓷、玻璃、木材。通过本模块的学习，学生应掌握各类建筑装饰材料的组成、分类及其选用原则，了解不同装饰材料的特性和使用范围。

一、单选题

1. 花岗石属于（　　　）。

    A. 火成岩　　　　　B. 沉积岩　　　　　C. 深成岩　　　　　D. 喷出岩

2. 大理石是以（　　　）矿物为主要组成的一类建筑装饰石材的统称，因云南大理盛产而得名。

    A. 硅酸盐　　　　　B. 碳酸盐　　　　　C. 磷酸盐　　　　　D. 硫酸盐

3. 花岗石是以（　　　）矿物为主要组成的一类建筑装饰石材的统称。

    A. 硅酸盐　　　　　B. 碳酸盐　　　　　C. 磷酸盐　　　　　D. 硫酸盐

4. 中国古代称玻璃为（　　　）。

    A. 玉髓　　　　　　B. 玛瑙　　　　　　C. 琉璃　　　　　　D. 珐琅

二、多选题

人造石材可分为（　　　）。

A. 水泥型人造石　　　　　　　　　　　B. 聚酯型人造石

C. 复合型人造石　　　　　　　　　　　D. 烧结型人造石

三、判断题

1. 陶瓷是陶器和瓷器的总称。　　　　　　　　　　　　　　　　　　（　　　）

2. 钢化玻璃自爆都是由外力引起的。　　　　　　　　　　　　　　　（　　　）

3. 木材的含水量用含水率表示，是指木材所含水的质量与木材质量之比。

                                                 （　　　）

4. 潮湿的木材会在干燥的空气中失去水分，此时木材含水率降低，尺寸在一定范围内缩小。　　　　　　　　　　　　　　　　　　　　　　　　　　（　　　）

四、讨论题

1. 人造石材较天然石材而言，有哪些优劣？

2. 常见的节能玻璃类型有哪些？它们分别有哪些特点？

3. 常见的木质地板有哪些类型？它们分别有哪些特点？

模块八

建筑材料检测试验

知识目标

1. 掌握常用建筑材料检测试验方法。
2. 掌握基本的测试技术，具备中高级专门人才所必需的检测技能。

能力目标

1. 能够熟练操作常用建筑材料试验设备。
2. 能够根据试验规范要求，正确完成建筑材料各种常规试验及数据处理并能写出试验报告。
3. 能够根据检测结果，准确地评定材料的性质。

素养目标

1. 具备较高的职业素养与良好的职业认同感。
2. 具备执着专注、精益求精、一丝不苟、追求卓越的工匠精神。
3. 具备崇尚劳动、热爱劳动、辛勤劳动、诚实劳动的精神。
4. 培养团队合作意识，具备团队协作能力。

单元一　水泥检测试验

试验一　水泥细度试验（负压筛法）

一、试验目的

细度是指水泥颗粒的粗细程度，是影响水泥强度、标准稠度用水量等性能指标的重要参数，检验水泥细度，可用于评定水泥的质量。

二、试验依据

《水泥细度检验方法筛析法》（GB/T 1345—2005）。

微课：水泥的细度试验（负压筛法）

三、试验仪器设备

负压筛析仪（由筛座、负压筛、负压源及收尘器组成），如图 8-1 所示；天平（最小分度值不大于 0.01 g），如图 8-2 所示；毛刷、托盘等。

图 8-1　负压筛析仪　　　　　图 8-2　天平

四、试验步骤

（1）试验时所用试验筛应保持清洁，负压筛保持干燥。

（2）筛析试验前，应将负压筛放在筛座上，盖上筛盖，接通电源，检查控制系统，调整负压至 4 000～6 000 Pa 范围内。

（3）称取试样 25 g（80 μm 筛）或 10 g（45 μm 筛），精确至 0.01 g，置于洁净的负压筛中，盖上筛盖，放在筛座上，开动筛析仪连续筛析 2 min。在此期间如有试样附着在筛盖上，可轻轻敲击，使试样落下。

（4）筛毕，取下筛子，倒出筛余物，用天平称量全部筛余物质量，精确至 0.01 g。

（5）当工作负压小于 4 000 Pa 时，应清理吸尘器内水泥，使负压恢复正常。

五、结果计算

水泥试样筛余百分比按下式计算：

$$F = \frac{R_t}{W} \times 100 \tag{8-1}$$

式中　F——水泥试样的筛余百分数（%），结果精确至 0.1%；

　　　R_t——水泥筛余物的质量（g）；

　　　W——水泥试样的质量（g）。

六、结果评定

合格判定时，每个样品应称取两个试样分别筛析，取筛余平均值为筛析结果，若两次筛余结果绝对误差大于 0.5% 时（筛余值大于 5.0% 时可放至 1.0%）应再做一次试验，取两次相近结果的算术平均值，作为最终结果。当采用 80 μm 筛时，水泥筛余百分数不超过 10% 细度合格；当采用 45 μm 筛时，水泥筛余百分数不超过 30% 细度合格。

试验二　水泥标准稠度用水量测定（标准法）

一、试验目的

水泥标准稠度净浆对标准试杆的沉入具有一定的阻力，通过试验不同含水量水泥净浆的穿透性，以确定水泥标准稠度净浆中所需加入的水量。

微课：水泥标准
稠度用水量
测定（标准法）

二、试验依据

《水泥标准稠度用水量、凝结时间、安定性检验方法》（GB/T 1346—2011）。

三、试验仪器设备

（1）水泥净浆搅拌机。水泥净浆搅拌机主要由搅拌锅、搅拌叶片、传动机构和控制系统组成，如图8-3所示。搅拌叶片在搅拌锅内做旋转方向相反的公转和自转，并可在竖直方向调节。搅拌锅可以升降；传动结构保证搅拌叶片按规定的方向和速度运转；控制系统有按程序自动控制与手动控制两种功能。

（2）标准法维卡仪。标准法维卡仪由试杆和盛装水泥净浆的试模两部分组成，如图8-4所示。

图 8-3 水泥净浆搅拌机　　　图 8-4 标准法维卡仪

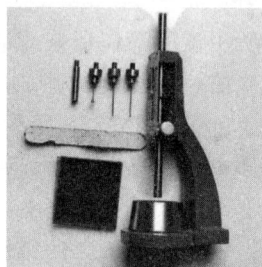

盛装水泥净浆的试模由耐腐蚀的、有足够硬度的金属制成，试模为深 40 mm±0.2 mm、顶内径为 Φ65 mm±0.5 mm、底内径为 Φ75 mm±0.5 mm 的圆柱体。

每个试模应配备一个边长或直径约为 100 mm、厚度为 4～5 mm 的平板玻璃底板或金属底板。

标准稠度试杆由有效长度为 50 mm±1 mm，直径为 Φ10 mm±0.05 mm 的圆柱形耐腐蚀金属制成；初凝用试针由钢制成，其有效长度初凝针为 50 mm±1 mm；终凝针为 30 mm±1 mm，直径为 Φ1.13 mm±0.05 mm，如图8-5所示；滑动部分的总质量为 300 g±1 g。与试杆、试针连接的滑动杆表面应光滑，能靠重力自由下落，不得有紧涩和旷动现象。

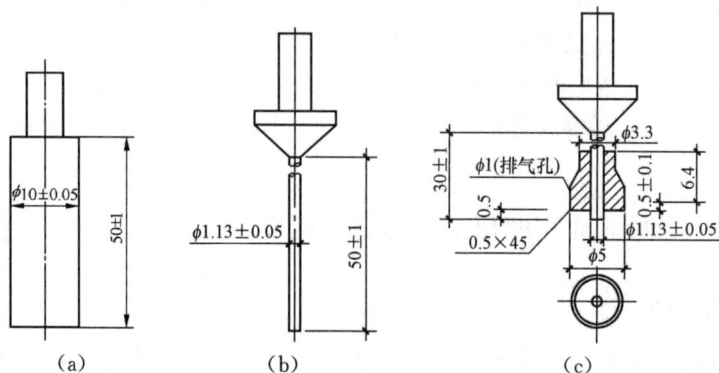

图 8-5 维卡仪试杆

（a）标准稠度试杆；（b）初凝用试针；（c）终凝用试针

（3）其他仪器设备。天平（最小分度值不大于 0.01 g）、试模、玻璃板、抹刀、水泥筛、大托盘、量筒、毛刷、直尺等。

四、试验步骤

（1）试验前准备工作。维卡仪的滑杆能自由滑动，试模和玻璃底板用湿布擦拭，将试模放在底板上。调整至试杆接触玻璃板时指针对准零点。搅拌机运行正常。

（2）水泥净浆的搅拌。用湿布将搅拌锅和搅拌叶片擦湿，称取水泥试样 500 g，按经验确定拌合水量并用量筒量好。

将拌合水倒入搅拌锅内，然后在 5～10 s 小心将称量好的 500 g 水泥加入水中，防止水和水泥溅出。拌合时，将搅拌锅放在锅座上，升至搅拌位，启动搅拌机，先低速搅拌 120 s，停机 15 s，同时，将叶片和锅壁上的水泥刮入锅中间，再高速搅拌 120 s，停机。

（3）标准稠度用水量的测定。拌和结束后，立即取适量的水泥净浆一次性将其装入已置于玻璃底板上的试模中，浆体超过试模上端，用宽约为 25 mm 的直边刀轻轻拍打超出试模部分的浆体 5 次以排除浆体中的孔隙；然后在试模表面约 1/3 处，略倾斜于试模分别向外轻轻锯掉多余净浆，再从试模边沿轻抹顶部一次，使净浆表面光滑。在锯掉多余净浆和抹平的操作过程中注意不要压实净浆。

抹平后迅速将试模和底板移到维卡仪上，并将其中心定在试杆下，降低试杆直至与水泥净浆表面接触，拧紧螺钉 1～2 s 后，突然放松，使试杆垂直自由地沉入水泥净浆中。在试杆停止沉入或释放 30 s 时记录试杆距离底板之间的距离，升起试杆后立即擦净。整个操作过程应在搅拌后 1.5 min 内完成。

五、试验结果

以试杆沉入水泥净浆并距底板 6 mm±1 mm 的水泥净浆为标准稠度净浆。其拌合水量为水泥标准稠度用水量（P），按水泥质量的百分比计。

六、注意事项

试验水泥试样、试验用水、仪器和用具的温度应与实验室一致。水泥浆需一次性置于试模中，且不得压实净浆，保证净浆的均匀性。在整个操作过程中，从水泥净浆停止搅拌到试杆停止下降，需要在 90 s 内完成。

试验三　水泥胶砂强度试验

一、试验目的

测定水泥的胶砂强度，评定水泥的强度等级。

二、试验依据

《水泥胶砂强度检验方法（ISO 法）》（GB/T 17671—2021）。

微课：水泥胶砂
强度试验

三、试验仪器设备

（1）行星式胶砂搅拌机。行星式胶砂搅拌机主要由搅拌锅、搅拌叶片、电动机等组成，如图 8-6 所示。

（2）试模。试模（图 8-7）应符合《水泥胶砂试模》（JC/T 726—2005）的要求。

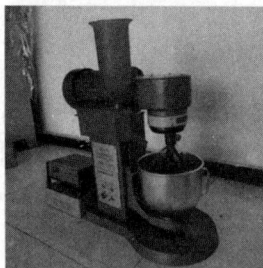

图 8-6　行星式胶砂搅拌机　　　　图 8-7　试模

（3）振实台。振实台（图 8-8）应符合《水泥胶砂试体成型振实台》（JC/T 682—2022）的要求。振实台应安装在高度约为 400 mm 的混凝土基座上。将振实台用地脚螺栓固定在基座上，安装后台盘呈水平状态，振实台底座与基座之间要铺一层砂浆以保证它们的完全接触。

（4）抗压夹具。抗压夹具符合《40 mm×40 mm 水泥抗压夹具》（JC/T 683—2005）的要求，受压截面为 40 mm×40 mm，如图 8-9 所示。

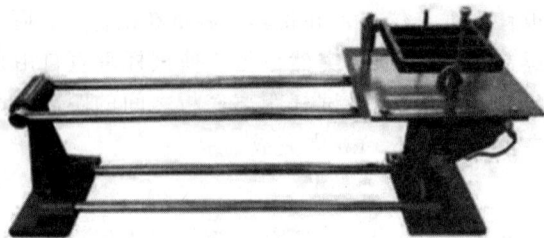

图 8-8　振实台　　　　　　图 8-9　抗压夹具

（5）抗折强度试验机。抗折强度试验机（图 8-10）应符合《水泥胶砂电动抗折试验机》（JC/T 724—2005）的要求。

（6）抗压强度试验机。抗压强度试验机（图 8-10）应符合《水泥胶砂强度自动压力试验机》（JC/T 960—2022）的要求。

图 8-10　水泥胶砂试件抗折抗压试验机

四、试验步骤

1. 胶砂的制备

(1) 配合比。胶砂的质量配合比为一份水泥、三份中国 ISO 标准砂和半份水（水胶比 W/B 为 0.50）。每锅材料需 450 g±2 g 水泥、1 350 g±5 g 砂子和 225 mL±1 mL 或 225 g±1 g 水。一锅胶砂成型三条试体。

(2) 搅拌。胶砂用搅拌机按以下程序进行搅拌，可以采用自动控制，也可以采用手动控制：

1）把水加入锅里，再加入水泥，把锅固定在固定架上，上升至工作位置。

2）立即开动机器，先低速搅拌 30 s±1 s 后，在第二个 30 s±1 s 开始的同时均匀地将砂子加入。把搅拌机调至高速再搅拌 30 s±1 s。

3）停拌 90 s，在停拌开始的 15 s±1 s 内，将搅拌锅放下，用刮刀将叶片、锅壁和锅底上的胶砂刮入锅中。

4）再在高速下继续搅拌 60 s±1 s。

2. 试体的制备

(1) 尺寸和形状。试体为 40 mm×40 mm×160 mm 的棱柱体。

(2) 成型。胶砂制备后立即进行成型。将空试模和模套固定在振实台上，用料勺将锅壁上的胶砂清理到锅内并翻转搅拌胶砂使其更加均匀，成型时将胶砂分两层装入试模。装第一层时，每个槽里约放 300 g 胶砂，先用料勺沿试模长度方向划动胶砂以布满模槽，再用大布料器垂直架在模套顶部沿每个模槽来回一次将料层布平，接着振实 60 次。再装入第二层胶砂，用料勺沿试模长度方向划动胶砂以布满模槽，但不能接触已振实胶砂，再用小布料器布平，振实 60 次。每次振实时可将一块用水湿过拧干、比模套尺寸稍大的棉纱布盖在模套上以防止振实时胶砂飞溅。

移走模套，从振实台上取下试模，用一金属直边尺以近似 90°的角度（但向刮平方向稍斜）架在试模模顶的一端，然后沿试模长度方向以横向锯割动作慢慢向另一端移动，将超过试模部分的胶砂刮去。锯割动作的多少和直尺角度的大小取决于胶砂的稀稠程度，较稠的胶砂需要多次锯割。锯割动作要慢以防止拉动已振实的胶砂。用拧干的湿毛巾将试模端板顶部的胶砂擦拭干净，再用同一直边尺以近乎水平的角度将试体表面抹平。抹平的次数要尽量少，总次数不应超过 3 次。最后将试模周边的胶砂擦除干净。

用毛笔或其他方法对试体进行编号。两个龄期以上的试体，在编号时应将同一试模中的 3 条试体分在两个以上龄期内。

3. 试体的养护

(1) 脱模前的处理和养护。在试模上盖一块玻璃板，也可用相似尺寸的钢板或不渗水的、与水泥没有反应的材料制成的板。盖板不应与水泥胶砂接触，盖板与试模之间的距离应控制在 2～3 mm。为了安全，玻璃板应有磨边。

立即将做好标记的试模放入养护室或湿箱的水平架子上养护，湿空气应能与试模各边接触。养护时不应将试模放在其他试模上。一直养护到规定的脱模时间时取出脱模。

（2）脱模。脱模应非常小心。脱模时可以用橡皮锤或脱模器。

对于 24 h 龄期的，应在破型试验前 20 min 内脱模；对于 24 h 以上龄期的，应在成型后 20～24 h 脱模。

如经 24 h 养护，会因脱模对强度造成损害时，可以延迟至 24 h 以后脱模，但在试验报告中应予以说明。

已确定作为 24 h 龄期试验（或其他不下水直接做试验）的已脱模试体，应用湿布覆盖至做试验时为止。

对于胶砂搅拌或振实台的对比，建议称量每个模型中试体的总量。

（3）水中养护。将做好标记的试体立即水平或竖直放在 20 ℃±1 ℃水中养护，水平放置时刮平面应朝上。

试体放在不易腐烂的箅子上，并彼此之间保持一定间距，让水与试体的六个面接触。养护期间试体之间间隔或试体上表面的水深不应小于 5 mm。

注：不宜用未经防腐处理的木箅子。

每个养护池只养护同类型的水泥试体。

最初用自来水装满养护池（或容器），随后随时加水保持适当的水位。在养护期间，可以更换不超过 50% 的水。

（4）强度试验试体的龄期。除 24 h 龄期或延迟至 48 h 脱模的试体外，任何到龄期的试体应在试验（破型）前提前从水中取出。揩去试体表面沉积物，并用湿布覆盖至试验为止。试体龄期是从水泥加水搅拌开始试验时算起。不同龄期强度试验在下列时间里进行：

——24 h±15 min；

——48 h±30 min；

——72 h±45 min；

——7 d±2 h；

——28 d±8 h。

4. 试验程序

（1）抗折强度的测定。用抗折强度试验机测定抗折强度。

将试体一个侧面放在试验机支撑圆柱上，试体长轴垂直于支撑圆柱，通过加荷圆柱以 50 N/s±10 N/s 的速率均匀地将荷载垂直地加在棱柱体相对侧面上，直至折断。

保持两个半截棱柱体处于潮湿状态直至抗压试验。抗折强度按式（8-2）进行计算：

$$R_f = \frac{1.5 F_f L}{b^3} \tag{8-2}$$

式中　R_f——抗折强度（MPa）；

　　　F_f——折断时施加于棱柱体中部的荷载（N）；

　　　L——支撑圆柱之间的距离（mm）；

　　　b——棱柱体正方形截面的边长（mm）。

（2）抗压强度的测定。抗折强度试验完成后，取出两个半截试体，进行抗压强度试验。抗压强度试验通过抗压强度试验机和抗压夹具，在半截棱柱体的侧面上进行。半截棱柱体中心与压力机压板受压中心差应在±0.5 mm 内，棱柱体露在压板外的部分约有 10 mm。

在整个加荷过程中以 2 400 N/s±200 N/s 的速率均匀地加荷直至破坏。

抗压强度按式（8-3）进行计算，受压面积计为 1 600 mm^2：

$$R_c = \frac{F_c}{A} \tag{8-3}$$

式中　R_c——抗压强度（MPa）；

　　　F_c——破坏时的最大荷载（N）；

　　　A——受压部分面积（mm^2）。

单元二　混凝土检测试验

试验一　砂的筛分试验

一、试验目的

测定砂的颗粒级配和粗细程度，作为混凝土用砂的技术依据。

二、试验依据

《普通混凝土用砂、石质量及检验方法标准》（JGJ 52—2006）。

微课：砂的
筛分试验

三、试验设备

（1）标准筛。公称直径分别为 10.0 mm、5.00 mm、2.50 mm、1.25 mm、630 μm、315 μm、160 μm 的方孔筛，以及筛的底盘和盖各一只，如图 8-11 所示。

（2）其他设备。天平（称量 1 000 g，感量 1 g）、烘箱（温度控制范围为 105 ℃±5 ℃）、摇筛机（图 8-12）、浅盘、硬毛刷和软毛刷等。

图 8-11　标准筛　　　　　图 8-12　摇筛机

四、试验步骤

1. 试样制备

用于筛分析的试样，其颗粒的公称粒径不应大于 10.0 mm。试验前应先将来样通过公称直径为 10.0 mm 的方孔筛，并计算筛余。称取经缩分后样品不少于 550 g 两份，分别装入两个浅盘，在（105±5）℃的温度下烘干到恒重。冷却至室温备用。

注：恒重是指在相邻两次称量间隔时间不小于 3 h 的情况下，前后两次称量之差小于该项试验所要求的称量精度（下同）。

2. 筛分析试验步骤

（1）准确称取烘干试样 500 g（特细砂可称 250 g），置于按筛孔大小顺序排列（大孔在上、小孔在下）的套筛的最上一只筛（公称直径为 5.00 mm 的方孔筛）上；将套筛装入摇筛机内固紧，筛分 10 min；然后取出套筛，再按筛孔由大到小的顺序，在清洁的浅盘上逐一进行手筛，直至每分钟的筛出量不超过试样总量的 0.1% 时为止；通过的颗粒并入下一只筛子，并与下一只筛子中的试样一起进行手筛。按这样顺序依次进行，直至所有的筛子全部筛完为止。

（2）称取各筛筛余试样的质量（精确至 1 g），所有各筛的分计筛余量和底盘中的剩余量之和与筛分前的试样总量相比，相差不得超过 1%。

五、试验结果

（1）计算分计筛余（各筛上的筛余量除以试样总量的百分率），精确至 0.1%。

（2）计算累计筛余（该筛的分计筛余与筛孔大于该筛的各筛的分计筛余之和），精确至 0.1%。

（3）根据各筛两次试验累计筛余的平均值，评定该试样的颗粒级配分布情况，精确至 1%。

（4）砂的细度模数应按下式计算，精确至 0.01：

$$\mu_f = \frac{(\beta_2 + \beta_3 + \beta_4 + \beta_5 + \beta_6) - 5\beta_1}{100 - \beta_1} \tag{8-4}$$

式中　μ_f——砂的细度模数；

β_1、β_2、β_3、β_4、β_5、β_6——分别为公称直径 5.00 mm、2.50 mm、1.25 mm、630 μm、315 μm、160 μm 方孔筛上的累计筛余。

（5）以两次试验结果的算术平均值作为测定值，精确至 0.1。当两次试验所得的细度模数之差大于 0.20 时，应重新取试样进行试验。

试验二　普通混凝土拌合物和易性检验（坍落度法）

一、试验目的

通过测定混凝土拌合物在自重作用下自由坍落的程度及外观现象，评定混凝土的和易性是否满足施工要求。通过坍落度测定，确定试验室配合比，并制成符合标准要求的试件，以便进一步确定混凝土的强度。

二、试验依据

《普通混凝土拌合物性能试验方法标准》（GB/T 50080—2016）。

三、试验设备

坍落度筒符合《混凝土坍落度仪》（JG/T 248—2009），界面圆锥形，由薄钢板或其他金属板制成，内壁光滑，如图 8-13 所示，捣棒（端部应磨圆，直径为 16 mm，长为 600 mm）、装料漏斗、小铁铲、钢直尺、抹刀等。

图 8-13 坍落度筒及捣棒

四、试验步骤

1. 混凝土拌合物取样及试样制备

（1）施工现场取样。同一组混凝土拌合物的取样，应在同一盘混凝土或同一车混凝土中取样。取样量应多于试验所需量的 1.5 倍，且不宜小于 20 L。

混凝土拌合物的取样应具有代表性，宜采用多次采样的方法。宜在同一盘混凝土或同一车混凝土中的 1/4 处、1/2 处和 3/4 处分别取样，并搅拌均匀；第一次取样和最后一次取样的时间间隔不宜超过 15 min。

宜在取样后 5 min 内开始各项性能试验。

取样应记录下列内容并写入试验或检测报告：

1）取样日期、时间和取样人。

2）工程名称，结构部位。

3）混凝土加水时间和搅拌时间。

4）混凝土标记。

5）取样方法。

6）试样编号。

7）试样数量。

8）环境温度及取样的天气情况。

9）取样混凝土的温度。

（2）实验室制备混凝土拌合物。混凝土拌合物应采用搅拌机搅拌，搅拌前应将搅拌机冲洗干净，并预拌少量同种混凝土拌合物或水胶比相同的砂浆，搅拌机内壁挂浆后将剩余料卸出；称好的粗骨料、胶凝材料、细骨料和水应依次加入搅拌机，难溶和不溶的粉状外加剂宜与胶凝材料同时加入搅拌机，液体和可溶外加剂宜与拌合水同时加入搅拌机；混凝土拌合物宜搅拌 2 min 以上，直至搅拌均匀；混凝土拌合物一次搅拌量不宜少于搅拌机公称容量的 1/4，不应大于搅拌机公称容量，且不应少于 20 L。试验室搅拌混凝土时，材料用量应以质量计。骨料的称量精度应为±0.5%；水泥、掺合料、水、外加剂的称量精度均应为±0.2%。

2. 普通混凝土拌合物坍落度测定

（1）坍落度筒内壁和底板应润湿无明水；底板应放置在坚实水平面上，并将坍落度筒放在底板中心，然后用脚踩住两边的脚踏板，坍落度筒在装料时应保持在固定的位置。

（2）混凝土拌合物试样应分三层均匀地装入坍落度筒内，每装一层混凝土拌合物，应用捣棒由边缘到中心按螺旋形均匀插捣 25 次，捣实后每层混凝土拌合物试样高度约为筒高的 1/3。

（3）插捣底层时，捣棒应贯穿整个深度，插捣第二层和顶层时，捣棒应插透本层至下一层的表面。

（4）顶层混凝土拌合物装料应高出筒口，插捣过程中，混凝土拌合物低于筒口时，应随时添加。

（5）顶层插捣完后，取下装料漏斗，应将多余混凝土拌合物刮去，并沿筒口抹平。

（6）清除筒边底板上的混凝土后，应垂直平稳地提起坍落度筒，并轻放于试样旁边。当试样不再继续坍落或坍落时间达 30 s 时，用钢尺测量出筒高与坍落后混凝土试体最高点之间的高度差，作为该混凝土拌合物的坍落度值。

（7）坍落度筒的提离过程宜控制在 3～7 s；从开始装料到提坍落度筒的整个过程应连续进行，并应在 150 s 内完成。

（8）将坍落度筒提起后混凝土发生一边崩塌或剪坏现象时，应重新取样另行测定；第二次试验仍出现一边崩塌或剪坏现象，应予记录说明。

（9）混凝土拌合物坍落度值测量应精确至 1 mm，结果应修约至 5 mm。

五、数据处理

（1）坍落度：测量筒高与坍落后混凝土试体最高点之间的高度差，即该混凝土拌合物的坍落度值（以 mm 为单位，精确至 1 mm，结果应修约至 5 mm）。

（2）黏聚性：用捣棒在已坍落的混凝土锥体侧面轻轻敲打，此时，如果锥体逐渐下沉，则表示黏聚性良好；如果锥体倒塌、部分崩裂或出现离析现象，则表示黏聚性差。

（3）保水性：如果锥体倒塌、部分崩裂或出现离析现象，则表示黏聚性差。若有较多稀浆从底部析出，骨料外露，则表示保水性不好；没有或仅有少量稀浆从底部析出，则表示保水性良好。

混凝土拌合物坍落度值测量应精确至 1 mm，结果应修约至 5 mm。同时，应记录混凝土拌合物的黏聚性及保水性情况。

模块小结

本模块主要讲解各类建筑材料检测试验。通过本模块的学习，学生应掌握各试验的试验前准备、试验仪器、试验步骤、试验数据记录与处理。

思考与练习

一、单选题

1. 以试杆沉入净浆距底板（　　）对水泥净浆为标准稠度净浆。

    A. 6 mm±1 mm   B. 5 mm±1 mm

    C. 4 mm±1 mm   D. 3 mm±1 mm

2. 水泥标准稠度用水量测定整个操作过程，从水泥净浆停止搅拌到试杆停止下降，需在（　　）s 内完成。

    A. 60   B. 75

    C. 90   D. 120

3. 水泥胶砂强度试验的抗压强度测定，整个加荷过程中应以（　　）N/s 的速率均匀地加荷直至破坏。

    A. 2 000±200   B. 2 200±200

    C. 2 400±200   D. 2 600±200

4. 水泥胶砂强度试验的抗折强度测定，需通过加荷圆柱以（　　）N/s 的速率均匀地将荷载垂直地加在棱柱体相对侧面上。

    A. 50±10   B. 60±10

    C. 100±10   D. 150±10

二、多选题

（　　）需要使用水泥标准养护箱。

A. 水泥胶砂强度试验

B. 水泥细度试验

C. 混凝土抗压强度试验

D. 普通混凝土拌合物和易性检测试验

三、判断题

1. 水泥胶砂强度试验是先把量好的水加入锅内，再加入称好的水泥。　　（　　）

2. 水泥胶砂强度试验中，脱模后的试体应立即水平或竖直放在（20±1）℃水中养护，水平放置时刮平面应朝上。　　（　　）

3. 混凝土抗压强度试验中，强度等级小于 C30 的混凝土，取 0.3～0.4 MPa/s 的加荷速度。　　（　　）

4. 在进行砂的筛分试验后，当试样含泥量超过 5％时，应先将试样水洗，再热烘干至恒重。　　（　　）

5. 普通混凝土拌合物和易性检测是将混凝土拌合物分三次加入坍落度筒；每次加入量为坍落度筒高度的 1/3；每次振捣次数为 25 次。　　（　　）

四、讨论题

1. 水泥胶砂强度试验与水泥标准稠度用水量试验所用的搅拌机有何区别？

2. 水泥负压筛析仪的负压无法调整到 4 000～6 000 Pa 时，应如何进行修理？

3. 在普通混凝土拌合物和易性检测前，为什么要用湿毛巾依次擦拭漏斗、坍落度筒、铁抹子、捣棒及铁锹，如不进行湿润，试验结果将有何变化？

参考文献

[1] 白宪臣. 土木工程材料 ［M］. 2版. 北京：中国建筑工业出版社，2019.

[2] 王海军. 建筑材料 ［M］. 2版. 北京：高等教育出版社，2021.

[3] 魏鸿汉. 建筑材料 ［M］. 6版. 北京：中国建筑工业出版社，2022.

[4] 陈玉萍. 建筑材料与检测 ［M］. 北京：北京大学出版社，2017.

[5] 西安建筑科技大学，华南理工大学，重庆大学，等. 建筑材料 ［M］. 4版. 北京：中国建筑工业出版社，2013.

[6] 毕万利. 建筑材料 ［M］. 4版. 北京：高等教育出版社，2021.